Optimale Stufenrädergetriebe für Werkzeugmaschinen

Errechnung und Räderanordnung

Von

Dr.-Ing. E. h. Erwin Stephan

Mit 139 Abbildungen

Springer-Verlag

Berlin / Göttingen / Heidelberg

1958

ISBN-13: 978-3-642-92750-8   e-ISBN-13: 978-3-642-92749-2

DOI: 10.1007/978-3-642-92749-2

Vorwort

Die Lösung der Aufgabe, für einen bestimmten Fall das optimale Getriebe aufzusuchen, macht bei mangelnder Übung in der Berechnung und im Entwurf meist erhebliche Mühe, wenn es sich nicht um ein solches einfachster Art handelt.

Dies liegt daran, daß die Zahl der Möglichkeiten des inneren Aufbaues und der baulichen Anordnung umso größer ist, je mehr Stufen ein solches Getriebe hat, und daß im selben Maße auch die Schwierigkeiten zunehmen, das Optimum aufzufinden. Dabei wird der Konstrukteur immer wieder vor die gleichen Fragen gestellt, welche Getriebeform er wählen, wie er zweckmäßig die Stufen oder die Gesamtübersetzung auf die Teilgetriebe verteilen soll und wie sich die Räder am besten ineinanderfügen lassen. Er muß sich angesichts der oft nur schwer zu überblickenden Zusammenhänge und der gegenseitigen Beeinflussung der verschiedenen Faktoren konstruktiver, mechanischer und wirtschaftlicher Art vielfach auf rein gefühlsmäßiges Suchen und Probieren stützen.

Für jede genau gestellte Aufgabe gibt es aber aus der Zahl der möglichen Lösungen eine beste, bei der keine der gestellten Forderungen unerfüllt gelassen ist.

Dieses optimale Getriebe auf dem kürzesten Weg zu finden, setzt freilich nicht nur die Kenntnis der verschiedenen Getriebeformen und ihres inneren Aufbaues, der baulichen Anordnungen sowie der zu stellenden Forderungen voraus, sondern auch der Auswirkung dieser Aufbaumöglichkeiten in bezug auf das zu erreichende Ziel und der Maßnahmen, die zur Erfüllung der Forderungen an ein einwandfreies Getriebe führen.

Die Aufgabe des Buches soll sein, diese Kenntnis für die *Praxis* so zu vermitteln, daß eine gestellte Aufgabe auch bei mangelnder Übung schnell gelöst werden kann.

Das gesteckte Ziel zu erreichen, schien um so eher möglich, als GERMAR in seinem Buch „Die Getriebe für Normdrehzahlen" — um solche handelt es sich auch hier — die Gesetze der geometrischen Drehzahlstufung aufgedeckt hat. Sie dürfen nach nunmehr 25 Jahren als bekannt vorausgesetzt werden. Der Inhalt des Buches kann sich somit auf die Auswirkung und die Nutzanwendung dieser Gesetze beschränken; die Gesetze selbst brauchen nur dort, wo es nötig ist, ins Gedächtnis zurückgerufen, jedoch nicht mehr abgeleitet zu werden.

Im Schrifttum ist eine Reihe von Ausarbeitungen über die Getriebe für Normdrehzahlen bekannt. Ihre Zuhilfenahme erfordert aber immer wieder ein erneutes, eingehendes Studium und gründliches Einarbeiten. Eine Anleitung, wie eine Aufgabe anzufassen und ihre Bestlösung zu erreichen ist, vermitteln sie nicht. Andere wieder behandeln Einzelprobleme.

Das Optimum muß das Ziel sein; sich von ihm aus besonderen, außerhalb der zunächst gestellten Aufgabe liegenden Gründen schrittweise und es im Auge behaltend zu entfernen, ist richtiger, als nicht zu wissen, wie weit man ihm nahegekommen ist.

Diese Zielsetzung war von dem Wunsch begleitet, durch Beispiele eine gewisse Übung zu vermitteln und Vergleichsmöglichkeiten zu geben, vor allem auch das geschriebene Wort so durch Zeichnungen zu erläutern, daß der Leser die Zusammenhänge sieht und sie sich nicht erst klarzumachen braucht.

Zum Entwurf und zur Errechnung wurde der zeichnerisch-rechnerischen Methode mit Hilfe des Aufbaunetzes und des Drehzahlbildes der Vorzug gegeben. Beide legen in aufdringlicher Weise die gesetzmäßigen Zusammenhänge der geometrischen Drehzahlstufung dar, zeigen die Kräfteverteilung und sparen viel Rechenarbeit zumal dann, wenn die DIN 804 und die darin niedergelegten Zahlenwerte verwendet werden.

Die Handschrift wurde in ihren wesentlichen Teilen im Januar 1947 niedergeschrieben, die Darstellung seither noch weiter verdichtet und in der Praxis erprobt.

Berlin, im Juni 1958

E. Stephan

Inhaltsverzeichnis

Erster Teil

Entwurf und Errechnung

Zweiter Teil

Bauliche Maßnahmen

Einleitung

Beim Entwurf eines Getriebes geht die Errechnung mit der Raumplanung Hand in Hand. Dieser Zweiteilung entspricht auch die Gliederung des Stoffes in der vorliegenden Schrift.

Im *ersten Teil*, dem Entwurf und der Errechnung, werden die gebräuchlichen Getriebeformen, ihre Eigentümlichkeiten sowie die mit ihnen erreichbaren Möglichkeiten, ferner die Mittel zur Auslegung eines Getriebes, die Errechnung der Übersetzungen und der Zähnezahlen, der Einfluß der Größe der Übersetzungen sowie die Verteilung der Stufen auf die Teilgetriebe behandelt und damit der Weg zum optimalen Drehzahlbild gewiesen.

Der *zweite Teil* befaßt sich mit den baulichen Maßnahmen, also der räumlichen Anordnung der Räder nach verschiedenen Gesichtspunkten (grobe oder feine Stufung, vermischte oder größenmäßige Drehzahlfolge, kurze oder lange Bauart u. a. m.). Für die Zwei- und Dreiwellengetriebe werden entsprechend diesen Gesichtspunkten die Räderanordnungen mit der jeweils kürzesten axialen Baulänge besprochen, um so das Ineinanderfügen der Teilgetriebe zur optimalen Räderanordnung zu erleichtern.

Die praktische Nutzanwendung wird in beiden Teilen an Beispielen gezeigt.

Erster Teil

Entwurf und Errechnung

1 Die wichtigsten Getriebeformen und ihre Eigentümlichkeiten. Aufbaumittel. Sinnbilder für Getriebedarstellungen

Alle vielstufigen Getriebe der Werkzeugmaschinen sind aus hintereinandergeschalteten Zweiwellengetrieben gebildet.

Diese werden zu Teilgetrieben und üben innerhalb des Gesamtgetriebes unterschiedliche Funktionen aus. Dasjenige mit dem Stufensprung der Enddrehzahlreihe, dem Endstufensprung, ist das Grundgetriebe, gleichgültig an welcher Stelle des Kraftweges es liegt. Die übrigen übernehmen die Aufgabe von Vervielfachungsgetrieben. Auch einstufige Zweiwellengetriebe, einfache Übersetzungen, werden im Rahmen des Ganzen zu Teilgetrieben.

Durch das Hintereinanderschalten verlieren die Zweiwellengetriebe ihre Selbständigkeit nicht, wohl aber durch Räderbindung (Abschn. 4.2). Ein solches räder- und damit achsengebundenes Dreiwellengetriebe wird zu einer besonderen Getriebeform und kann nur als geschlossene Einheit angesprochen und behandelt werden. Liegt in ihm der Endstufensprung, so bildet es innerhalb des Gesamtgetriebes das Kerngetriebe.

Weitere Getriebeformen ergeben sich aus der besonderen Art, wie die Zweiwellengetriebe hintereinandergeschaltet und dabei achsengebunden werden, so daß sie ihre Selbständigkeit einbüßen, z. B. die Vorgelegegetriebe (Abschn. 4.3) oder die Windungsgetriebe (Abschn. 4.4).

1.1 Getriebeformen

Die gebräuchlichsten und wichtigsten dieser Getriebeformen sind in einer gedrängten Übersicht gezeigt, um zunächst einmal einen Überblick zu geben, welche Möglichkeiten für die Lösung unterschiedlicher Getriebeaufgaben zur Verfügung stehen. Außer den Eigentümlichkeiten sind deshalb neben den Drehzahlbildern als besondere Merkmale die Drehzahlbereiche genannt, ausgedrückt durch die Bereichszahl n max. : n min., sowie die Stufensprünge, die sich unter Berücksichtigung der Grenzübersetzungen $1:2$ und $4:1$ (Abschn. 3.1) als größtmögliche erreichen lassen. Diese Getriebe werden noch in besonderen Abschnitten behandelt.

Zweiwellengetriebe (Abb. 1.1) werden mit zwei, drei oder vier Stufen ausgeführt. Größere Stufenzahlen führen zu übergroßen axialen Baulängen und erfordern meist auch umständliche Schaltungen.

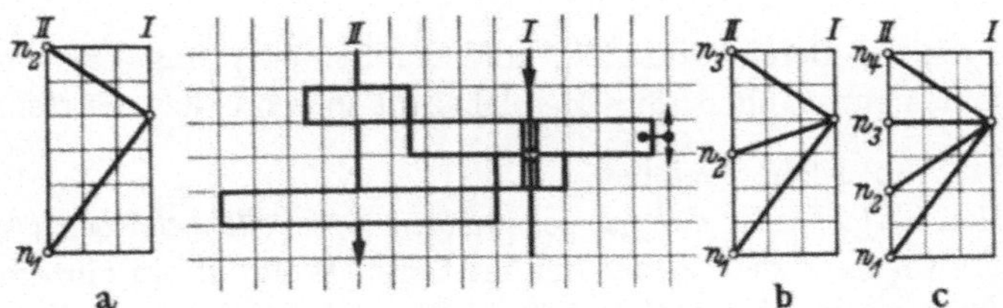

Abb. 1/1. Zweiwellengetriebe. a) Zweistufig. Bereichszahl 8. Stufensprung 8. Übersetzungen 1 : 2 und 4 : 1. b) Dreistufig. Stufensprung 2,8. Übersetzungen 1 : 2, 1,4 : 1 und 4 : 1. c) Vierstufig. Stufensprung 2. Übersetzungen 1 : 2, 1 : 1, 2 : 1 und 4 : 1

Mit Zweiwellengetrieben ist die Bereichszahl 8 und mit zwei Stufen der Stufensprung 8 erreichbar (Abb. 1/1a), mit drei Stufen der Stufensprung $\sqrt{8} = 2{,}8$ (Abb. 1/1b) und mit vier Stufen der Stufensprung $\sqrt[3]{8} = 2$ (Abb. 1/1c).

Zwei fortlaufend hintereinandergeschaltete Zweiwellengetriebe mit entsprechenden Stufenzahlen bilden die vier-, sechs-, acht- und neunstufigen *Dreiwellengetriebe* (Abb. 1/2 a u. b). In Abhängigkeit von der Verteilung der Stufen auf die beiden Teilgetriebe (Abschn. 3.1) und davon, ob diese später in der Räderanordnung aneinander- oder wie sie ineinandergefügt werden, ergeben sich sehr unterschiedliche Baulängen (Abschn. 7.3). Die Endstufenzahl ist das Produkt aus den Stufenzahlen der beiden Teilgetriebe, deren Selbständigkeit gewahrt bleibt, da sie bezüglich der Achsenabstände unabhängig voneinander sind.

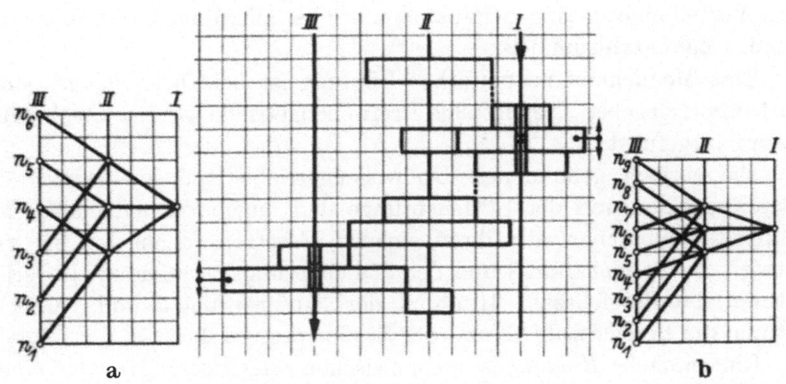

Abb. 1/2. Dreiwellengetriebe. a) Sechsstufig. Bereichszahl 31,5. Stufensprung 2. Übersetzungen 1 : 2, 1 : 1 und 2 : 1 im ersten Teilgetriebe und 1 : 2 und 4 : 1 im zweiten. b) Neunstufig. Bereichszahl 16. Stufensprung 1,4. Übersetzungen 1 : 1,4, 1 : 1 und 1,4 : 1 im ersten Teilgetriebe und 1 : 2, 1,4 : 1 und 4 : 1 im zweiten.

Mit einem vierstufigen Dreiwellengetriebe läßt sich die Bereichszahl 22,4 und der Stufensprung $\sqrt{8} = 2{,}8$, mit einem sechsstufigen die Bereichszahl 31,5 und der Stufensprung $\sqrt[3]{8} = 2$ (Abb. 1/2a), mit einem achtstufigen die Bereichszahl 37,5 und der Stufensprung $\sqrt[4]{8} = 1{,}7$ und mit einem neunstufigen die Bereichszahl 16 und der Stufensprung $\sqrt[6]{8} = 1{,}4$ (Abb. 1/2b) erreichen.

Bei den *einfach oder doppelt gebundenen Dreiwellengetrieben* (Abschn. 4.2) sind zwei bzw. vier Räder der mittleren Welle in ein einziges bzw. in zwei zusammengelegt (Abb. 1/3). Jedes gehört beiden Teilgetrieben gemeinsam an und ist an beide gebunden; es wirkt wie ein Zwischenrad

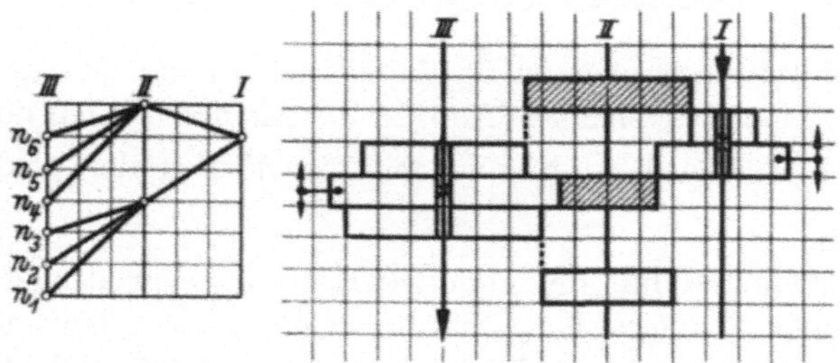

Abb. 1/3. Doppelt gebundenes sechsstufiges Dreiwellengetriebe

und ist auch wie dieses beiderseits mit der Umfangskraft in gleicher Richtung belastet. Die Teilgetriebe haben ihre Selbständigkeit eingebüßt; sie sind achsengebunden und bilden meist ein Kerngetriebe. Die Einsparung von einem bzw. zwei Rädern und das fortlaufende Hintereinanderschalten ohne Hohlwellen mit besonderer Lagerung geben dieser Getriebeart, besonders den doppelt gebundenen Dreiwellengetrieben, den Vorteil eines geringen Bauaufwandes bei allerdings verhältnismäßig großen Zähnezahlsummen.

Eine Möglichkeit zu einfacher Bindung ist bei Dreiwellengetrieben fast immer gegeben. Neunstufige Dreiwellengetriebe werden ungebunden kaum ausgeführt.

Die einfach gebundenen Dreiwellengetriebe sind hinsichtlich der Bereichszahlen und der Stufensprünge den ungebundenen gleich. Mit doppelt gebundenen, die ihren eigenen Gesetzen folgen, ist bei vier Stufen die Bereichszahl 8 und der Stufensprung 2 erreichbar, bei sechs Stufen die Bereichszahl 31,5 und der Stufensprung 2 und bei neun Stufen die Bereichszahl 16 und der Stufensprung 1,4.

Eine einfache *Bindung* ist auch zwischen *einer Übersetzung* und einem mehrstufigen Zweiwellengetriebe möglich (Abb. 1/4), indem das Abtriebsrad der Übersetzung mit dem größeren der beiden Antriebsräder des gezeigten zweistufigen Zweiwellengetriebes vereinigt wird. Der eigentümliche Aufbau ergibt sich daraus, daß die Übersetzung kein Schieberad besitzt und somit die Schieberäder des Zweiwellengetriebes auf dessen zur Mittelwelle gewordenen Antriebswelle verbleiben können; ihr Antriebsrad muß aber, um mit dem Schieberad im dauernden Eingriff zu bleiben, entsprechend verbreitert werden. Die Abtriebsräder sind fest und können somit auch Platz auf einer empfindlichen Arbeitsspindel finden.

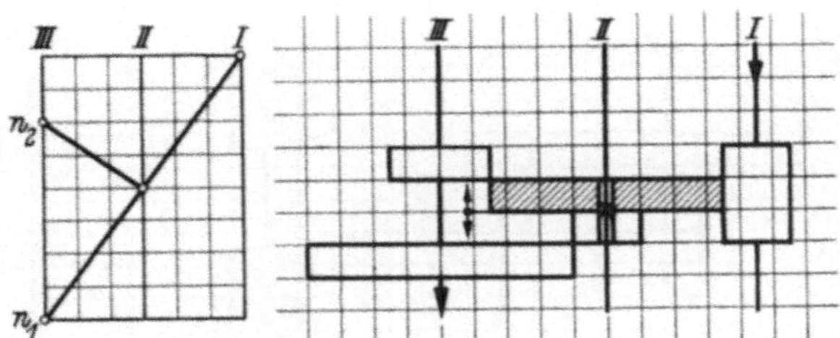

Abb. 1/4. Zweistufiges Zweiwellengetriebe mit davorliegender gebundener Übersetzung 4 : 1. Bereichszahl 8. Stufensprung 8. Übersetzungen 1 : 2 und 4 : 1

Die feste Übersetzung kann einen Teil der Gesamtübersetzung ins Langsame übernehmen und dementsprechend ein davorliegendes Mehrstufengetriebe kräftemäßig entlasten (Abschn. 4.2).

Mit einem zweistufigen Getriebe nach Abb. 1/1a läßt sich die Bereichszahl 8 und der Stufensprung 8 bei einer davorliegenden festen Übersetzung 4 : 1 (Abb. 1/4) erreichen, mit einem dreistufigen der Stufensprung 2,8 bei der gleichen festen Übersetzung.

Eine gebundene Übersetzung kann auch am Getriebeausgang angeordnet werden. Dort ist das kleinere Abtriebsrad des Zweiwellengetriebes mit dem Antriebsrad der Übersetzung gebunden.

Für *Mehrwellengetriebe* gibt es viele Möglichkeiten des fortlaufenden Hintereinanderschaltens der Zweiwellengetriebe. Beispielsweise können zwölfstufige Getriebe durch zwei zweistufige und ein dreistufiges in der Stufenfolge $2 \cdot 2 \cdot 3$ oder $2 \cdot 3 \cdot 2$ oder $3 \cdot 2 \cdot 2$ gebildet werden. Diese drei Getriebe unterscheiden sich aber hinsichtlich der Übersetzungen, der Gesamtzähnezahlsummen und der Wellen- bzw. Zahnbelastungen (Abschn. 3.1).

Zwei Zweiwellengetriebe lassen sich jedoch nicht nur fortlaufend, sondern auch *rückkehrend* zu einem Dreiwellengetriebe hintereinanderschalten, indem ihre dritte Welle, die Abtriebswelle, auf die erste Welle, die Antriebswelle zurückgeschwenkt wird (Abb. 1/5). Diese Getriebe sind also zweiachsig, An- und Abtrieb gleichachsig. Die ursprüngliche Welle I wird zur Hohlwelle. Die Abtriebswelle kann aber auch auf der Antriebswelle gelagert werden (Abb. 1/5c).

Durch Ausnutzung der so gebotenen Möglichkeit, den Antrieb unmittelbar mit dem Abtrieb durch eine Schaltkupplung zu verbinden und damit wahlweise das als Vorgelege dienende Dreiwellengetriebe auszuschalten, entsteht als weitere Getriebeform das *Vorgelegegetriebe* (Abb. 1/5). Es ist zweiachsig. An- und Abtrieb sind gleichachsig, jedoch voneinander getrennt, und die Antriebsdrehzahl wird zur höchsten Enddrehzahl. Die Zahl der Endstufen wird um diese eine unmittelbar gewonnene vermehrt (Abschn. 4.3).

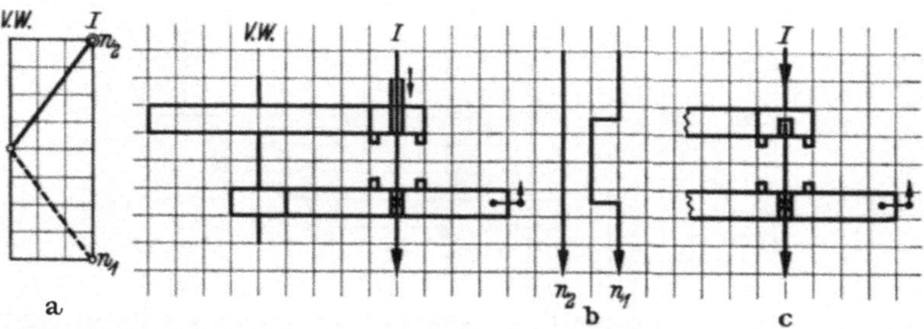

Abb. 1/5. Vorgelegegetriebe mit zwei (1 + 1) Stufen. Erstes und zweites Teilgetriebe einstufig. Bereichszahl 16. Stufensprung 16. Übersetzungen 4 : 1 und 4 : 1. a) Drehzahlbild. b) Schaltbilder. c) Andere Darstellungsweise

Mit den Vorgelegegetrieben läßt sich die Bereichszahl 16 und mit zwei Stufen der Stufensprung 16 (Abb. 1/5), mit drei Stufen der Sprung $\sqrt{16} = 4$ erreichen. Dieser große, mit vier Rädern erzeugte Sprung 16 macht die Vorgelegegetriebe vornehmlich als Nachschaltgetriebe zur Erweiterung des Drehzahlbereichs nach unten und beim Antrieb mit polumschaltbaren Motoren geeignet.

Die *Windungsgetriebe* (Abschn. 4.4) sind zwei, mit vertauschten Achsen aneinandergefügte Vorgelegegetriebe, deren beide Antriebsräderpaare in ein einziges, vom Kraftweg in beiden Richtungen durchlaufendes und so den Windungsgang bildendes zusammenfallen (Abb. 1/6). An- und Abtrieb sind im Gegensatz zu den Vorgelegegetrieben nun nicht

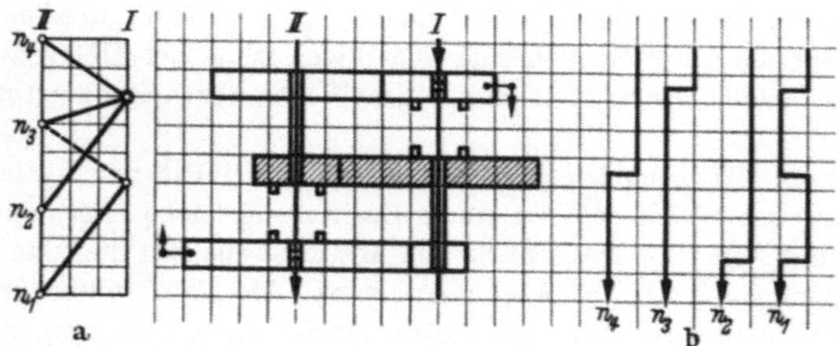

Abb. 1/6. Vierstufiges Windungsgetriebe. Erstes und zweites Teilgetriebe zweistufig. Bereichszahl 22,4. Stufensprung 2,8. Übersetzungen 1 : 2, 1,4 : 1 und 4 : 1. a) Drehzahlbild. b) Schaltbilder

mehr gleichachsig und daher kann auch keine Antriebsdrehzahl unmittelbar zur Abtriebs-(End-)Drehzahl werden. Die beiden ursprünglichen Vorgelegegetriebe haben ihre Selbständigkeit verloren; sie sind achsengebunden, und das zweite muß die Drehzahlreihe des ersten fortsetzen.

Die Windungsgetriebe sind daher ebenfalls als eine besondere Getriebeform anzusehen. Sie benötigen zwar für die gleiche Stufenzahl ebenso viele Räder, wie die doppelt gebundenen Getriebe, erfordern aber der beiden Hohlwellen und ihrer Lagerung wegen einen größeren Bauaufwand. Andererseits ist die Belastung der Wellen günstiger, als bei den doppelt gebundenen Getrieben. An manchen Stellen erscheint die in die Länge gehende Bauweise mit nur zwei Bohrungsachsen besonders geeignet.

Mit einem vierstufigen Windungsgetriebe (Abb. 1.6) läßt sich die Bereichszahl 22,4 und der Stufensprung $\sqrt{8} = 2,8$ erreichen, mit einem sechsstufigen die Bereichszahl 31,5 und der Stufensprung $\sqrt[3]{8} = 2$ (Abb. 4.4/8), mit einem achtstufigen die Bereichszahl 37,5 und der Stufensprung $\sqrt[4]{8} = 1,7$ und schließlich mit einem neunstufigen die Bereichszahl 16 und der Stufensprung $\sqrt[6]{8} = 1,4$ (Abb. 4.4/12).

Feste Übersetzungen werden als Eingangs-, Ausgangs- oder Zwischenübersetzungen gebraucht.

Als *Eingangsübersetzungen* auf der Antriebsseite geben sie dem Hersteller die Möglichkeit, einen Teil der Gesamtübersetzung ins Langsame aus dem Stufengetriebe herauszunehmen und damit eine kleinere Zähnezahlsumme zu erreichen (Abschn. 3.1), eine Drehzahlreihe geschlossen höher oder tiefer zu legen oder auch ein und dieselbe Drehzahlreihe mit Antriebsmotoren unterschiedlicher Drehzahlen (42 − 50 − 60 Hz) zu erzeugen, Wendekupplungen einzufügen u. a. m. Sie sind gleichzeitig die einfachste und schnell lösbare Verbindung zwischen Motor und Getriebe, erfordern einen geringen Bau- und Zähnezahlaufwand und wirken an dieser Stelle wenig störend. Da sie aber meist ins Langsame treiben, wird durch sie das nachfolgende Getriebe kräftemäßig *belastet*.

Als *Ausgangsübersetzung* auf der Abtriebsseite kann eine feste Übersetzung ebenfalls einen Teil der Gesamtübersetzung ins Langsame übernehmen, jedoch hier mit dem Vorteil, daß das Stufengetriebe kräftemäßig *entlastet* wird. Am Getriebeausgang lassen sich die höchstbelasteten Räder meist ohne Schwierigkeiten besonders breit, mit großem Modul oder mit einer Sonderverzahnung ausführen.

Von einer solchen Übersetzung kann ebenfalls Gebrauch gemacht werden, wenn die Drehzahlreihe im ganzen höher oder tiefer gelegt oder wenn auf der Arbeitsspindel nur ein festes Rad angeordnet werden soll.

In einem Mehrwellengetriebe werden feste Übersetzungen auch als *Zwischenübersetzung* verwendet und z. B. vor das letzte Teilgetriebe (Abb. 1/4) gelegt, wo sie durch Bindung mit diesem nur ein Rad erfordern. Eine gleiche Anwendung ist auch als gebundene Eingangsübersetzung möglich. In beiden Fällen ist aber ein beliebiges Höher- oder Tieferlegen der Drehzahlreihe durch die Bindung verhindert.

Wechselräderübersetzungen zwischen zwei Teilgetrieben gestatten dem Verbraucher, die Drehzahlreihe mit einfachen Mitteln seinen besonderen Verhältnissen anzupassen.

1.2 Aufbaumittel

Die Baumittel, von denen beim Aufbau der vielstufigen Getriebe Gebrauch gemacht wird und die als bekannt vorausgesetzt werden dürfen, seien hier nur soweit erwähnt, als es zum Verständnis der Abbildungen in den verschiedenen Abschnitten notwendig ist.

Ein *Schieberadblock mit Kupplung* erleichtert die Schaltung. Ein oder zwei Räder sind von ihm getrennt und besonders gelagert. Sie werden durch eine formschlüssige Schaltkupplung, meist eine Zahnkupplung, mit der Schieberadwelle verbunden. Der kleine Durchmesser der Schaltkupplung verringert den Unterschied in der Umfangsgeschwindigkeit an der Kuppelstelle. Schieberadblöcke mit oder ohne Kupplung sind in den späteren Abbildungen wechselweise als dem gleichen Zweck dienende Elemente verwendet. Dreierblöcke lassen sich auch hydraulisch ohne besonderen Aufwand sicher verschieben.

Elektrisch (magnetisch) oder hydraulisch betätigte Reibungskupplungen werden vielfach zum Schalten der Räder während des Laufes verwendet, wenn häufiger Drehzahlwechsel *ohne* zwischenzeitliches Stillsetzen der Arbeitsspindel nötig ist (Abschn. 5.3). Dafür geeignete Getriebe werden vorzugsweise aus hintereinandergeschalteten zweistufigen Zweiwellengetrieben, oft in gebundener Ausführung, gebildet. Auch Windungsgetriebe sind gut verwendbar. Die Stufenzahl ist jedoch der Zahl und Größe der Kupplungen wegen beschränkt.

Synchronisiereinrichtungen, die ebenfalls das Schalten der Räder während des Laufes gestatten und eine formschlüssige Verbindung zwischen Rad und Welle in geschaltetem Zustand ergeben, sind vom Kraftwagenbau her in verschiedenen Ausführungen bekannt und seien nur erwähnt, um diese Möglichkeit aufzuzeigen.

Hohlwellenlagerungen, wie sie bei den Vorgelege- und Windungsgetrieben benötigt werden, sind vielfach in den Wälzlagerkatalogen (Kugel- oder Nadellager) als Beispiele zu finden.

1.3 Sinnbilder

Als Sinnbilder für feste, lose und verschiebbare Zahnräder und Schaltkupplungen sind, da eine Norm dafür fehlt, die in Abb. 1/7 gezeigten verwendet. Maßgebend für ihre Wahl war, daß sie leicht verständlich sind und nicht verwechselt werden können, vor allem aber, daß sie sich auch mühelos freihändig zeichnen lassen und dabei ein gutes

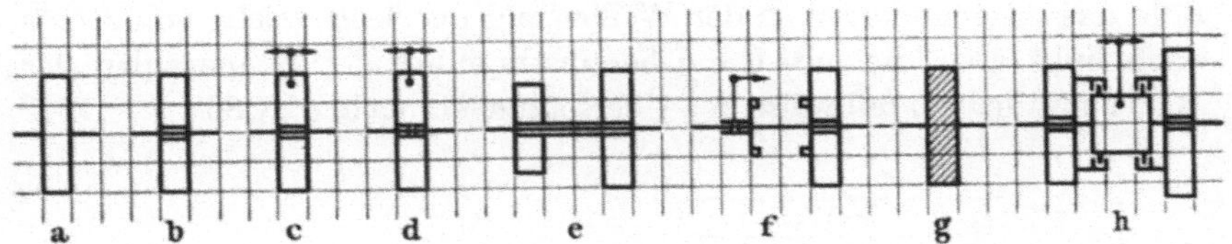

Abb. 1/7. Sinnbilder für Getriebedarstellungen. a) Festes Rad. b) Loses Rad. c) Verschiebbares loses Rad. d) Verschiebbares festes Rad. e) Verbundene Räder (Räderblock). f) Formschlüssige Schaltkupplung. g) Gebundenes Rad. h) Kraftschlüssige (Lamellen-)Schaltkupplung

Bild geben. Bei den formschlüssigen Schaltkupplungen ist kein Unterschied gemacht, ob sie mit einem Schieberad verbunden oder als Schaltmuffen ausgebildet oder anderswie gestaltet sind. Für die zeichnerische Darstellung der kraftschlüssigen (Lamellen-) Kupplungen ist die Zuteilung der Außen- und Innenlamellen zum lose laufenden Rad oder zur Welle ohne Bedeutung.

2 Das Aufbaunetz. Das Drehzahlbild. Das Drehmomentbild

Das Aufbaunetz und das Drehzahlbild sind die einfachsten und dabei wertvollsten Hilfsmittel für die Lösung von Getriebeaufgaben auf graphisch-rechnerischem Weg. Sie erfordern nur ein Blatt kariertes Papier, die DIN 804 und den Rechenschieber zum Ermitteln der Zähnezahlen der Räder aus den Übersetzungen und zum Prüfen, ob die erreichten Drehzahlen innerhalb der Grenzwerte der genormten Lastdrehzahlen liegen.

Das *Aufbaunetz*[1] (Abb. 2/1) zeigt den inneren gesetzmäßigen Aufbau eines Getriebes, das *Drehzahlbild*[1] (Abb. 2/2) darüber hinaus auch noch die Drehzahlen jeder Welle und die Größe der Übersetzungen, also alle Einzelheiten eines bestimmten Getriebes.

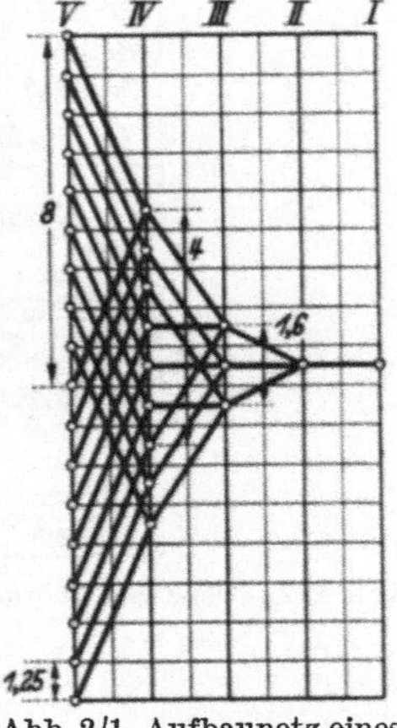

Abb. 2/1. Aufbaunetz eines achtzehnstufigen Getriebes (1 · 3 · 3 · 2) mit dem Stufensprung 1,25

---

[1] Diese *Bezeichnungen* sind zuerst von *Germar* eingeführt worden (Schlesinger, Die Werkzeugmaschinen, Bd. I, S. 126. Berlin: Springer 1936).

Zunächst sei kurz ins Gedächtnis zurückgerufen, daß in beiden Plänen die *Wellen* in beliebigem, aber gleichem Abstand voneinander aufgetragen und in der Richtung des Kraftflusses mit römischen Zahlen benummert werden, und zwar hier als Längslinien von rechts nach links.

Für diese „stehende" Anordnung war die dadurch geschaffene Möglichkeit der Zuordnung der Übersetzungsräder zu ihren Wellen in der Legende des Drehzahlbildes (Abb. 2/2) maßgebend, für den Kraftfluß, d. h. das Aneinanderreihen der Wellen und der Teilgetriebe von rechts nach links aber die optische Übereinstimmung der Zähnezahlen der Räder mit der Schreibweise der Übersetzungen nach DIN 868.

Md kgm	Ist	Grenze −	Grenze +	Soll
2,8	1780	1740	1810	1800
3,55	1420	1380	1440	1400
4,5	1140	1100	1140	1120
5,6	890	873	909	900
7,1	710	694	722	710
9	572	551	574	560
11,2	440	438	456	450
14	351	348	362	355
18	284	276	287	280
22,4	222	219	228	224
28	178	174	181	180
35,5	143	138	144	140
45	111	110	114	112
56	88	87,3	90,9	90
71	71,5	69,4	72,2	71
90	55	55,1	57,4	56
112	43,9	43,8	45,6	45
140	35,5	34,8	36,2	35,5

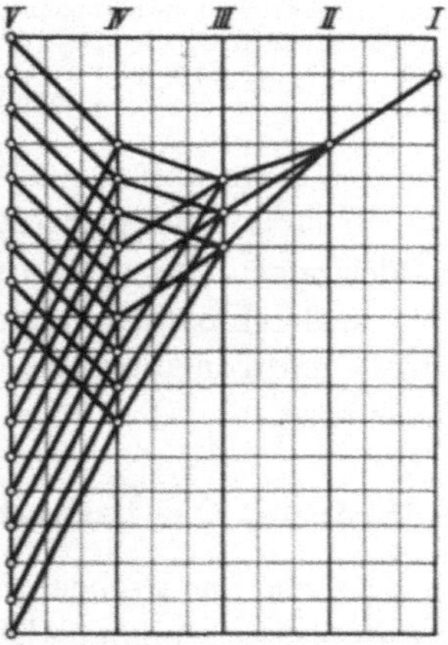

Teilgetriebe	4	3	2	1
Übersetzungen	1:2 4:1	1:1,25 1,6:1 3,15:1	1,25:1 1,6:1 2:1	1,6:1
Achsenabstand A mm	126	100,5	72	61,5
Σz je Räderpaar	84 $m=3$	67	48	41
Zähnezahlen der Räder	28:56 V−68:17	30:38 V− 41:26 51:16	27:21 29:18 V+ 32:16	25:16
Zähnezahlunterschied			2,5	
Gesamt Σz und ΣA mm	$\Sigma z = 554$		$\Sigma A = 360$ mm	

Abb. 2/2. Drehzahlbild und Kräftebild des Getriebes nach dem Aufbaunetz der Abb. 2/1 (Beispiel des Abschn. 4.12)

Diese Übereinstimmung geht allerdings verloren, wenn beispielsweise bei einem rückkehrenden Getriebe (Abb. 1/5) oder einem Windungsgetriebe (Abb. 1/6) der Kraftfluß auf die Achse der Antriebswelle zurückgeht. Die rückwärtstreibende Übersetzung wird in diesem Fall zweckmäßig gestrichelt gezeichnet (Abb. 1/5 u. 6).

Die *Drehzahlen* bzw. im Aufbaunetz die *Sprünge* werden durch Quer-linien in ebenfalls beliebigem, aber gleichem Abstand gebildet, wobei sich die lineare Teilung der geometrisch gestuften Normdrehzahlen daraus ergibt, daß sie im logarithmischen Maßstab aufgetragen erscheinen.

Der Abstand von der ersten bis zur zweiten Drehzahllinie ist der Stufensprung φ der Enddrehzahlreihe, der Endstufensprung, von der ersten bis zur dritten der Sprung φ^2 und bis zur letzten der Sprung φ^{s-1} (s = Stufenzahl). Letzterer ist auch die *Bereichszahl.*

Jede Drehzahl einer Welle wird durch ihren Schnittpunkt mit der entsprechenden Drehzahllinie gekennzeichnet. *Die Verbindungslinien* zwischen den Drehzahlpunkten zweier Wellen stellen *Übersetzungen* (Zahnräderpaare) dar. Zwei Wellen mit den dazwischenliegenden Über-setzungen machen ein *Teilgetriebe* aus. Auch sie werden von rechts nach links gezählt und benummert.

Parallele Verbindungslinien zwischen zwei Wellen sind bei den ver-schiedenen Schaltungen wiederholt in Eingriff kommende Räderpaare, sich *verästelnde* dagegen Stufengetriebe mit soviel Stufen, wie Äste vor-handen sind. Die am weitesten auseinanderstrebenden Äste schließen jeweils den Gesamtsprung des Teilgetriebes ein.

Das Aufbaunetz. Das Aufbaunetz (Abb. 2/1) wird grundsätzlich symmetrisch gezeichnet, so daß die Anfangs- oder Eingangsdrehzahl auf der Mitte zwischen der niedrigsten und der höchsten Enddrehzahl liegt. Es enthält außer den Sprüngen keine weiteren Angaben. Die Sprünge, d. h. die Potenzen des Endstufensprunges können der DIN 804 ent-nommen werden. Durch die Wahl von φ als Zeicheneinheit wird das Aufbaunetz zum *Exponenten*bild, an dem die Gesetze der geometrischen Drehzahlstufung sichtbar werden.

Das Drehzahlbild und seine Legende. Im Drehzahlbild (Abb. 2/2) entspricht jede Drehzahllinie einer Normdrehzahl der entsprechenden Reihe der DIN 804, deren niedrigste untenan steht. (Begriffsverwandt-schaft zwischen schneller und höher bzw. aufwärts.) Die Drehzahlen der Zwischenwellen sind aber nur dann Normdrehzahlen, wenn auch die Übersetzungen Normübersetzungen sind, die besondere Vorteile bieten (Abschn. 3.1).

Waagerechte Übersetzungslinien sind Übersetzungen 1 : 1, den längsten Übersetzungslinien entsprechen die größten Übersetzungen. Zwischenwerte lassen sich bei der linearen Teilung durch entsprechendes arithmetisches Teilen mühelos ablesen.

Werden der Spalte der Soll-Drehzahlen noch zwei Spalten für die Grenzwerte bei mechanischer Toleranz angefügt und eine weitere für die erreichten Ist-Drehzahlen, so ist auch die Drehzahlkontrolle im Drehzahlbild festgehalten. Die Ist-Drehzahlen müssen zwischen den Grenzwerten bleiben (Abb. 2/2).

Die Übersetzungen und die Zähnezahlen der Räder werden zweckmäßig in der Legende (Abb. 2/2) verzeichnet. Auf engem Raum lassen sich hier sämtliche für die Errechnung und die spätere Beurteilung notwendigen Werte übersichtlich zusammenfassen. Dazu gehört auch die jeweils durch die größte Übersetzung gegebene Zähnezahlsumme (Σz), aus der die Zähnezahlen der anderen Übersetzungen eines Teilgetriebes zu ermitteln sind. Der Achsenabstand — errechnet mit dem geschätzten Modul — gestattet die sofortige Prüfung, ob ein Rad an der nächsten Welle vorbeigeht. Die Zahl der Wellen, die Gesamtsumme der Achsenabstände (ΣA) und weiter die Gesamtzähnezahlsumme (*gesamt Σz*), sowie die Zahl der Zahnräder bilden in diesem Stadium des Entwurfes Teilmaßstäbe zur Beurteilung des Volumens bzw. der räumlichen Ausdehnung des Getriebes. Beim späteren Aufzeichnen der Räderanordnung der aneinander- oder ineinandergefügten Teilgetriebe tritt als weiterer noch die axiale Baulänge hinzu.

Das Drehmomentbild. Ohne besondere Umstände läßt sich das Drehzahlbild zu einem Drehmomentbild und damit zu einem Belastungs- und Kräftebild für die Wellen und die Zahnräder ausweiten, und zwar durch Hinzufügen einer weiteren Spalte für die aus der Drehmomentformel sich ergebenden Lastmomente einschließlich der Überlastbarkeit des Motors (Abb. 2/2). Ist das Lastmoment durch eine Sicherung begrenzt, so gilt dieses abgesicherte Drehmoment als Grenzmoment.

Beide, die Enddrehzahlen und die Drehmomente haben denselben Stufensprung. Somit können auch die Werte für die Drehmomente der Drehzahlreihe entnommen werden. Es ist nur notwendig, das höchste oder niedrigste Drehmoment als Ausgangsbasis auf den Zahlenwert der nächstliegenden Normdrehzahl zu bringen. Eine Reihe mit dem vorliegenden Stufensprung neu zu bilden, weil das Ausgangsdrehmoment zu weit ab vom nächsten Drehzahlwert zu liegen scheint, dürfte sich selten lohnen.

Das Wellendurchmesser- und Modulbild. Das Drehzahlbild kann in der Legende auch noch zu einem für eine überschlägige Betrachtung durchaus brauchbaren Wellendurchmesser- und Modulbild ergänzt werden. Die Wellendurchmesser und die Moduln sind unter sonst gleichen Verhältnissen proportional $\sqrt[3]{\dfrac{1}{n}}$ bzw. umgekehrt proportional $\sqrt[3]{n}$. Wird also der geschätzte Durchmesser der ersten oder auch einer anderen Getriebewelle gleich 1 gesetzt und ebenso der geschätzte Modul ihres Kleinstrades, so lassen sich aus dem Verhältnis der niedrigsten Drehzahlen der Wellen ihre Durchmesser und auch die Moduln der kleinsten und daher am höchsten beanspruchten Räder auf ihnen als ein Mehrfaches des Ausgangswertes errechnen.

Schließlich können auch noch bei einiger Übung die Zahnkräfte — ähnlich den Drehmomenten — einer Normdrehzahlreihe mit der entsprechenden Stufung entnommen werden. Voraussetzung dafür sind aber Normübersetzungen. Im allgemeinen genügt jedoch das Drehmomentbild, da die Errechnung der Moduln und der Radbreiten doch gesondert durchgeführt werden muß.

Räderbindung. Die Legende des Drehzahlbildes läßt geeignete Bindungsmöglichkeiten aus dem Unterschied in den Zähnezahlen der dafür in Betracht kommenden Räder erkennen. Durchgeführte Bindungen werden durch verbindendes Unterstreichen der beiden Räder (Abb. 4.2/2) kenntlich gemacht. Auch hier zeigt sich der Vorzug des „stehenden" Drehzahlbildes mit Kraftfluß von rechts nach links: Die Zähnezahlen der auf einer Welle sitzenden Räder stehen unmittelbar rechts und links ihrer Welle.

Bei der Ermittlung der Gesamtzähnezahlsumme darf nicht übersehen werden, die Zähnezahlen der gebundenen Räder nur einmal zu zählen.

Zähnezahlunterschied (ZU). Um bei der späteren baulichen Anordnung der Räder den richtigen Weg einschlagen zu können, ist es zweckmäßig, in die Legende auch den Unterschied in der Zähnezahl eines festen Rades in einem Teilgetriebe zu seinem nächstgrößeren oder -kleineren aufzunehmen. Damit wird zum Ausdruck gebracht, daß sich ein Räderblock frei verschieben läßt oder nicht (Abschn. 7.1).

Die *Legende* braucht selbstverständlich nicht weiter ausgebaut zu werden als notwendig erscheint. Hier war nur zu zeigen, welche Werte darin Platz finden können. Anzustreben ist aber, daß sie mindestens diejenigen Werte ersichtlich macht, die zu einer wiederholten Beurteilung notwendig sind. Das Drehzahlbild wird damit gewissermaßen zum Getriebepaß.

3 Die bestimmenden Einflüsse der geometrischen Drehzahlstufung auf das optimale Drehzahlbild

3.1 Der Einfluß der Übersetzungen und ihres Kleinrades. Die Verteilung der Stufenzahl und der Sprünge auf die Teilgetriebe. Die Wahl der Übersetzungen. Das Bestimmen der Zähnezahlen für die Übersetzungen.
Verfahrensrichtlinien

Bei der Betrachtung des Aufbaunetzes und des Drehzahlbildes (Abb. 3.1/1) mit dem Ziel, darin die Wege zur optimalen Lösung des als Beispiel gezeigten sechsstufigen Dreiwellengetriebes zu suchen, tauchen allerlei Fragen auf, beispielsweise wie die Übersetzungen zu bemessen sind, welchen Einfluß ihre Größe oder die Verteilung der Stufen und der Sprünge auf die Teilgetriebe ausübt u. a. m.

Da beide Pläne nach den Gesetzen der geometrischen Drehzahlstufung aufgebaut sind, müssen sich an ihnen diese Gesetze und ihre Anwendung erkennen und somit auch die auftretenden Fragen beantworten lassen.

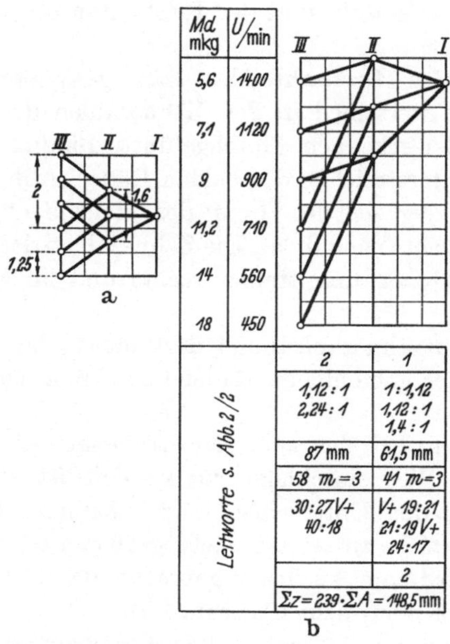

Abb. 3.1/1. Sechsstufiges Drelwellengetriebe 3 · 2 mit dem Stufensprung 1,25 (Beispiel des Abschn. 4.11).
a) Aufbaunetz.   b) Drehzahlbild

Der Einfluß der Übersetzungen und ihres Kleinrades. Unverkennbar ist das Drehzahlbild (Abb. 3.1/1 b) das in die Länge gezogene Aufbaunetz (Abb. 3.1/1 a). Die Drehzahlpunkte der letzten Welle, die Enddrehzahlen, sind Festpunkte. Wird auch die Eingangsdrehzahl der ersten Welle auf der entsprechenden Drehzahllinie festgelegt, so können die dazwischenliegenden Wellen mit ihren geometrisch gestuften Drehzahlpunkten jede für sich — im Beispiel ist es nur eine Zwischenwelle — nach oben oder unten verschoben werden, bis das Optimum erreicht scheint. Die Übersetzungen ändern sich dabei in gegenseitiger Abhängigkeit.

Diese Wandlungsmöglichkeit macht augenscheinlich, daß das Aufbaunetz, ließe es sich als Drehzahlbild verwenden, die kleinsten Übersetzungen und damit auch die kleinsten Zähnezahlsummen in den Teilgetrieben ergäbe. In beiden treiben nämlich die den jeweiligen Gesamtsprung einschließenden größten Übersetzungen gleichermaßen ins Langsame wie ins Schnelle und nehmen somit ihren Kleinstwert, d. h. den Wurzelwert des jeweiligen Gesamtsprunges an.

Da weiterhin die Zähnezahlsummen der Übersetzungen innerhalb eines Teilgetriebes gleich sein müssen, so wird ersichtlich, daß in beiden Teilgetrieben die größten Übersetzungen ins Langsame, da sie allein die Zähnezahlsummen ihrer Teilgetriebe und damit auch die des Gesamtgetriebes bestimmen, so klein wie möglich zu halten sind. Je mehr Stufen ein Teilgetriebe hat, je öfter also die Zähnezahlsumme der größten Übersetzung in der Gesamtsumme enthalten ist, um so nachdrücklicher muß darauf geachtet werden.

Hat umgekehrt ein Teilgetriebe nur *eine* Stufe, besteht es also aus einer einzigen Übersetzung, so benötigt diese für eine Drehzahlherabsetzung den geringsten Aufwand an Zähnen, weil nur ein einziges Räderpaar beteiligt ist.

Einen zahlenmäßigen Begriff von dem Gesagten geben die beiden Abb. 3.1/2 u. 3.

Im Drehzahlbild Abb. 3.1/2 ist der Gesamtsprung 4 des dreistufigen Zweiwellengetriebes nach seinem Wurzelwert in die Übersetzungen $1:2$ und $2:1$ aufgeteilt, in der Abb. 3.1/3 dagegen in $1:1$ und $4:1$. Wie ersichtlich, verhalten sich beim gleichen Kleinstrad $z = 18$ die beiden Gesamtzähnezahlsummen wie $162:270$. Im zweiten Drehzahlbild verursacht also die große Übersetzung $4:1$ eine Erhöhung der Gesamtzähnezahlsumme um 67 v. H. gegenüber dem ersten Drehzahlbild und dementsprechend auch des Achsenabstandes und des Raumbedarfes dieses einfachen, kleinen Getriebes.

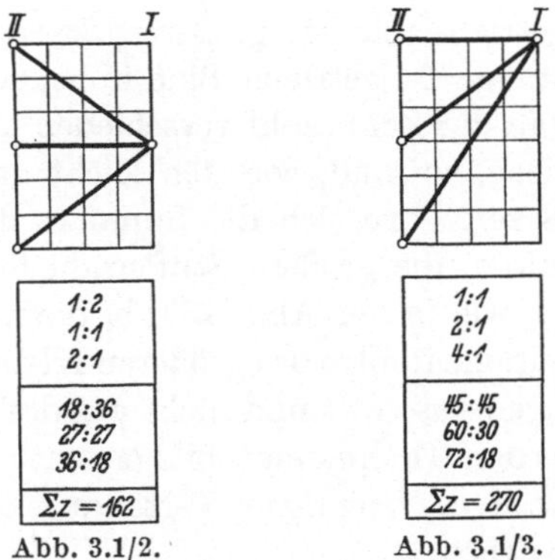

Abb. 3.1/2.   Abb. 3.1/3.

Abb. 3.1/2 Aufteilung des Gesamtsprunges 4 in einem dreistufigen Zweiwellengetriebe in die Übersetzungen $1:2$, $1:1$ und $2:1$. Gesamtzähnezahlsumme 162.

Abb. 3.1/3. Aufteilung des Gesamtsprunges 4 in einem dreistufigen Zweiwellengetriebe in die Übersetzungen $1:1$, $2:1$ und $4:1$. Gesamtzähnezahlsumme 270.

Daß im ersten Drehzahlbild die Eingangsdrehzahl niedriger ist als im zweiten, kann hier bei der Besprechung des Grundsätzlichen unbeachtet bleiben. Eine Übersetzung $2:1$ vom Antriebsmotor her würde im übrigen einen Aufwand von $z = 36:18$, also 54 Zähnen ohne Zugabe einer Welle erfordern, womit die Gesamtzähnezahlsumme des zweiten Drehzahlbildes immer noch um 25 v. H. höher läge.

In weit stärkerem Maße wird aber die Teilkreisgeschwindigkeit beeinflußt. Im ersten Drehzahlbild hat das Räderpaar $z = 18:36$, im zweiten dasjenige mit $z = 45:45$ die größte Teilkreisgeschwindigkeit. Als Vergleichsmaßstab kann jeweils die Zähnezahl des kleinsten Rades auf der Abtriebswelle gelten, da beide Enddrehzahlen gleich sind. Beim Rad $z = 45$ (Abb. 3.1/3) ist gegenüber dem Rad $z = 18$ der Abb. 3.1/2 die Teilkreisgeschwindigkeit um 150 v. H. größer.

Daß die Zähnezahlsumme einer Übersetzung sehr wesentlich auch von der Zähnezahl ihres Kleinrades abhängt, ist eine nebenhergehende Überlegung. Hätte in beiden Fällen das Kleinrad nicht wie angenommen 18 Zähne, sondern mehr, so träte in beiden Drehzahlbildern eine Verschlechterung sowohl hinsichtlich der Gesamtzähnezahlsummen, als auch der Teilkreisgeschwindigkeiten ein, die beide größer würden.

Deshalb müssen in allen Teilgetrieben bei den größten Übersetzungen ins Langsame unter allen Umständen Kleinsträder, also Räder mit der kleinsten, eben noch möglichen Zähnezahl verwendet werden.

Verteilung der Stufenzahl und der Sprünge auf die Teilgetriebe. Die vorstehend geforderten kleinen Übersetzungen bzw. Übersetzungen mit kleinen Zähnezahlsummen ergeben sich selbstverständlich auch aus kleinen Sprüngen. Wenn also, wie in der Abb. 3.1/1 b, zwei Teilgetriebe unterschiedliche Stufenzahlen haben, so muß demnach der kleinere Sprung in das Teilgetriebe mit der größeren Stufenzahl gelegt werden, hier also in das dreistufige Teilgetriebe. Sind in beiden Teilgetrieben auch noch die Kleinräder in der Zähnezahl verschieden und liegt das größere im zweiten Teilgetriebe, so muß, wie sich leicht nachweisen läßt[1] und wie auch Abb. 7.1/8 zeigt, wo sich die Summen der Zähnezahlen wie 196 : 204 : 204 verhalten, die größere Stufenzahl ihren Platz im ersten Teilgetriebe erhalten, wie in der Abb. 3.1/1 b, damit sich die Vergrößerung der Zähnezahlsumme infolge des größeren Kleinrades wiederum nur auf zwei Übersetzungen auswirkt und nicht auf drei.

Aber auch die aus dem Drehmomentbild ersichtliche Kräfteverteilung ist für die Frage nach der richtigen Verteilung der Sprünge auf die Teilgetriebe heranzuziehen.

Große Sprünge ergeben große Übersetzungen ins Langsame und diese wiederum haben große Drehzahlherabsetzungen und entsprechende Drehmomenterhöhungen zur Folge. Der größte Sprung muß deshalb im letzten Teilgetriebe liegen. Dort ist in der Regel auch Platz für starke Wellen, große Lager und schwere Räder. Würde er ins erste Teilgetriebe gelegt, so wäre schon an dieser Stelle eine entsprechende Verstärkung der Bauteile nötig und zöge sich durch das ganze Getriebe hindurch. Somit müssen die kleinen Sprünge am Anfang des Getriebes liegen und langsam gegen den Abtrieb hin zunehmen, um notwendig werdende Verstärkungen möglichst weit hinauszuschieben.

Hier taucht schließlich auch noch die Frage auf, wie die Gesamtübersetzung ins Langsame in der Abb. 3.1/1 b so auf beide Teilgetriebe verteilt werden kann, daß nicht nur für jedes von ihnen die kleinste Zähnezahlsumme, sondern auch für beide zusammen die kleinstmögliche erreicht wird. Sie ist dahingehend zu beantworten: In beiden Teilgetrieben müssen die Produkte der Faktoren, die die Zähnezahlsummen

---

[1] Werkstattstechn. u. Masch.-bau Bd. 45 (1955) S. 1.

bestimmen, also der größten Übersetzung ins Langsame, der Stufenzahl und der Zähnezahl des Kleinrades gleich sein, d. h., es ist das geometrische Mittel aus ihnen zu bilden. Daraus ergibt sich eine Möglichkeit für die Errechnung optimaler Mehrwellengetriebe von kleinerem Umfang (Abschn. 4.1).

Aus diesen Betrachtungen über die Maßnahmen, die zur kleinsten Gesamtzähnezahlsumme führen, lassen sich Richtlinien ableiten, wie zu verfahren ist, um ein optimales Drehzahlbild zu erreichen.

Verfahrensrichtlinien (Regeln)

1. *Die größten Übersetzungen ins Langsame* in den einzelnen Teilgetrieben sind so klein wie möglich zu machen. Dies ist um so notwendiger, je mehr Stufen ein Teilgetriebe hat.

Die Grenzen der Übersetzungen liegen in der Praxis im allgemeinen bei 1 : 2 und 4 : 1. Üblicherweise werden diese beiden Übersetzungen *Grenzübersetzungen* genannt. Mit ihnen läßt sich auch der sehr häufig gebrauchte Sprung 8 erreichen. Größere Übersetzungen ins Langsame ergeben große Zähnezahlsummen und erhöhen die Teilkreisgeschwindigkeit der Übersetzung ins Schnelle, von der größeren Raumbeanspruchung ganz abgesehen. Trotzdem werden auch Übersetzungen 5 : 1 verwendet (z. B. Sprung 8 = 1 : 1,6 und 5 : 1) und für langsam laufende Vorschubgetriebe sind die Grenzen sogar noch weiter gesteckt. Die Entscheidung darüber kann von Fall zu Fall getroffen werden. (Wenn in den Beispielen die Grenzübersetzungen grundsätzlich eingehalten sind, so deswegen, um den Eindruck zu vermeiden, als seien jeweils die am besten passenden Übersetzungen gewählt worden.)

2. *Die Kleinräder* sind als Kleinsträder mit den kleinstmöglichen Zähnezahlen auszuführen. Sie sind im voraus festzulegen oder zu schätzen. Anhaltspunkte sind in der Regel vorhanden.

Mit Evolventen von 20° sind die Zähne bei $z = 14$ noch nicht unterschnitten; bei $z = 12$ ist die Unterschneidung praktisch noch bedeutungslos. Kleinere Zähnezahlen erfordern eine positive Profilverschiebung (DIN 870). Zahnritzel mit $z = 7$ laufen bei positiver Profilverschiebung durchaus zufriedenstellend. Mit $z = 16$ kann, um einen weiteren Anhalt zu geben, bei den meisten leichteren und mittelschweren Getrieben des Werkzeugmaschinenbaues mit Modul 3 das Zahnrad noch auf die Welle aufgeschoben werden. Für Kleinsträder auf Hohlwelle mit Nadellagerung dürfte die Grenze bei $z = 20$ liegen. Auf den Arbeitsspindeln sitzende Kleinräder erfordern meist größere Zähnezahlen.

3. Bei einem *symmetrischen Drehzahlbild* werden in den Teilgetrieben die kleinsten Übersetzungen und damit die kleinsten Zähnezahlsummen erreicht.

4. Ein *Verbot*, *ins Schnelle zu übersetzen*, bedeutet in der Regel eine Erhöhung der Gesamtzähnezahlsumme. Ein stichhaltiger Grund für eine solche Einschränkung ist nicht vorhanden.

5. Von der Gesamtübersetzung einen möglichst großen Teil in eine *Eingangs-* oder *Zwischenübersetzung* bzw. kräftemäßig besser noch in eine *Ausgangsübersetzung* zu verlegen, ist vorteilhaft, weil einzelne Übersetzungen den kleinsten Aufwand an Zähnen erfordern.

6. Bei ungebundenen oder einfach gebundenen Drei- und Mehrwellengetrieben mit *ungleicher Stufenzahl* in den Teilgetrieben ist die größte Stufenzahl und der kleinste Sprung, d. h. der Endstufensprung in das erste mehrstufige Teilgetriebe zu legen. Sechsstufige Getriebe als Beispiel sind demnach in $3 \cdot 2$, achtzehnstufige in $3 \cdot 3 \cdot 2$ aufzuteilen. Doppelt gebundene Dreiwellengetriebe folgen ihren eigenen Gesetzen (Abschn. 4.2). Wegen der möglichen Verschiebebehinderung eines Dreierblockes sei auf den Abschn. 7.1 verwiesen.

Die Wahl der Übersetzungen. Die Wahl der Übersetzungen — genormte oder ungenormte — in den Teilgetrieben steht, vom selbständigen Zweiwellengetriebe für Normdrehzahlen *aus* einer Normdrehzahl abgesehen, frei. Nur die aus ihnen als Produkt sich ergebende Gesamtübersetzung muß eine Normübersetzung sein, wenn die Eingangs- und die Enddrehzahlen Normdrehzahlen sein sollen.

Ein Zwang, Normübersetzungen zu verwenden, besteht nicht, denn die Enddrehzahlen können auch durch eine Übersetzung auf der Antriebs- oder Abtriebsseite in Normdrehzahlen überführt werden, da sie geometrisch gestuft sind. Es ist aber — das sei vorweggenommen — nicht schwieriger, die geeigneten Zähnezahlen für die Räder von drei genormten Übersetzungen zu finden, als für die von drei nicht genormten. Eine Erschwerung ist mit der Verwendung von Normdrehzahlen nicht verbunden. Vorteilen stehen keine Nachteile gegenüber.

Werden nämlich von vornherein nur Normübersetzungen verwendet, so ist das Rechnen sehr erleichtert, wie die DIN 804 zeigt. Es wird sogar zu einem einfachen Ablesen der Werte aus dem Normblatt, denn die Produkte der Normübersetzungen ergeben immer wieder Normübersetzungen.

Allerdings lassen sich aus Normübersetzungen mit ungeraden Exponenten keine Normdrehzahlen gewinnen, weil die Norm*übersetzungen* von der Reihe R 40 mit dem Stufensprung 1,06 ausgehen, die Norm*drehzahlen* aber von der Reihe R 20 mit dem Stufensprung $1,12 = 1,06^2$. Normdrehzahlen sind aber wertvoll, weil die Kontrolle, ob die zugelassenen Toleranzen eingehalten sind, zu einem einfachen Vergleich mit den in der Norm verzeichneten oberen und unteren Grenzwerten wird. Bei einer Räderbindung kann gelegentlich der Zwang eintreten, davon abzuweichen.

Die Übersetzungen, mit denen sich Normdrehzahlen aus Normdrehzahlen erreichen lassen, ebenso die für das Anschreiben an die Aufbaunetze notwendigen Potenzenreihen und ihre Genauwerte sind, um das Abzählen auf dem Normblatt zu sparen, für die fünf genormten Drehzahlreihen in der Zahlentafel 3.1/4 zusammengestellt.

Rechenfehler werden vermieden, wenn die Übersetzungen in Übereinstimmung mit der DIN 868 als *Verhältnis* der Drehzahlen der treibenden zur getriebenen Welle angeschrieben werden.

Bestimmen der Zähnezahlen. Das einfachste Verfahren, die Zähnezahlen aus den Übersetzungen mit dem Rechenschieber auszuschieben, reicht für die überwiegende Mehrzahl aller Fälle aus.

Genauwert	1,12		1,25		1,4		1,6		2	
	Exp.	Nenn-wert	Exp.	Nenn-wert	Exp.	Nenn-wert	Exp.	Nenn-wert	Exp.	Nenn-wert
1,0000	0	1,00	0	1,00	0	1,00	0	1,00	0	1,00
1,1220	1	1,12								
1,2589	2	1,25	1	1,25						
1,4125	3	1,4			1	1,4				
1,5849	4	1,6	2	1,6			1	1,6		
1,7783	5	1,8								
1,9953	6	2,0	3	2,0	2	2,0			1	2,0
2,2387	7	2,24								
2,5119	8	2,5	4	2,5			2	2,5		
2,8184	9	2,8			3	2,8				
3,1623	10	3,15	5	3,15						
3,5481	11	3,55								
3,9811	12	4,0	6	4,0	4	4,0	3	4,0	2	4,0
4,4668	13	4,5								
5,0119	14	5,0	7	5,0						
5,6234	15	5,6			5	5,6				
6,3096	16	6,3	8	6,3			4	6,3		
7,0795	17	7,1								
7,9433	18	8,0	9	8,0	6	8,0			3	8,0
8,9125	19	9,0								
10,0000	20	10,0	10	10,0			5	10,0		
11,220	21	11,2			7	11,2				
12,589	22	12,5	11	12,5						
14,125	23	14,0								
15,849	24	16,0	12	16,0	8	16,0	6	16,0	4	16,0

Abb. 3.1/4. Normübersetzungen und ihre Genauwerte, die Normdrehzahlen aus Normdrehzahlen ergeben. Potenzenreihen der Stufensprünge der fünf genormten Drehzahlreihen. Die Genauwerte gelten für Übersetzungen und Stufensprünge, mit Kommaverschiebung als dezimale Vielfache auch für Drehzahlen

Die Zähnezahlsumme der Übersetzungen jedes Teilgetriebes ist durch die größte Übersetzung und deren Kleinstrad gegeben. Kommt die Übersetzung 1 : 1 darin vor, so ist es zweckmäßig, aber nicht immer notwendig, eine gerade Zähnezahlsumme zu wählen. Zur Ermittlung der Zähnezahlen der übrigen Übersetzungen wird die 1 des Schiebers auf die verlangte Übersetzung (Nennwert oder Genauwert) am festen Teil des Rechenschiebers eingestellt. Der in Betracht kommenden Zähnezahl des kleinen Rades auf dem Schieber steht dann auf dem festen Teil die Zähnezahl des großen Rades gegenüber, die die gewünschte Übersetzung ergibt. Unganze Zähnezahlen werden gerundet. In derselben Stellung am Rechenschieber wird gleichzeitig geprüft, ob die auf- oder die abgerundete Zähnezahl den zugelassenen Toleranzen besser entspricht, und zwar durch Ablesen des Genauwertes, den die Übersetzung mit den gewählten Zähnezahlen ergibt und Vergleich mit den Grenzwerten der DIN 804.

In der DIN 804 sind für jede Normdrehzahl in den vier letzten Spalten je ein unterer und oberer Grenzwert festgelegt, und zwar in der 7. und 8. Spalte mit mechanischer Toleranz, die also für die Berechnung gelten. Zwischen diesen Grenzwerten muß eine Drehzahl liegen, wenn sie als Normdrehzahl gelten soll. Andere Bedingungen hat sie nicht zu erfüllen. Diese Grenzwerte gelten als dezimale Vielfache auch für die Übersetzungen und Stufensprünge, denn alle drei — Normdrehzahlen, Übersetzungen und Stufensprünge — stimmen mit den Normungszahlen der DIN 323 überein. Es ist also im Regelfall nicht nötig, die Abweichungen in v. H. auszurechnen; keinesfalls darf bei den Drehzahlen und Übersetzungen von deren Nennwerten ausgegangen werden, die mehr oder weniger stark nach oben bzw. unten gerundet sind. Ihre Genauwerte lassen sich aus der Tafel auf der Rückseite der DIN 804 für die Übersetzungen und Stufensprünge direkt, für die Drehzahlen durch Kommaverschiebung als dezimale Vielfache ablesen.

Findet sich beim Errechnen der Zähnezahlsumme auf dem Rechenschieber ein passendes Räderpaar, dessen Zähnezahlsumme jedoch um einen Zahn zu klein oder zu groß ist, womit dann auch der Achsenabstand nicht eingehalten würde, so wird zweckmäßig von einer positiven oder negativen *Profilverschiebung* mit dem Profilverschiebungsfaktor 1 (V-Räder nach DIN 870) Gebrauch gemacht. Für die Drehzahlübertragung sind die Zähnezahlen, für den Achsenabstand die um einen Modul korrigierten (vergrößerten oder verkleinerten) Teilkreisdurchmesser maßgebend. (Profilverschiebungen kommen in steigendem Maß zur Erhöhung der Zahnfußtragfähigkeit und zur Gleitverbesserung in Anwendung.) Welches Rad korrigiert werden soll, ob V+ oder V−, bleibt im Einzelfall zu entscheiden.

Nur in seltenen Fällen und gelegentlich beim Stufensprung 1,4 kann ein Erhöhen der Zähnezahlsumme der Übersetzungen durch Vergrößerung des Kleinstrades (meist genügt schon eine solche um einen Zahn) oder durch Wahl eines kleineren Moduls mit entsprechend größerer Zähnezahlsumme nötig werden.

Mit einem dieser Mittel sind für alle Übersetzungen Räderpaarungen zu finden, mit denen die Drehzahlen innerhalb der Grenzwerte bleiben.

Wie groß der Spielraum zwischen den Grenzwerten ist, läßt sich am Beispiel der Übersetzung 1,8 : 1 zeigen, Einem Kleinstrad mit $z = 16$ wäre ein Gegenrad mit 28,5 Zähnen zuzuordnen. Die Zahnradpaarung $z = 28 : 16$ ergibt den Wert 1,75 und die Zahnradpaarung $z = 29 : 16$, oder bei gleichem Achsenabstand $z = 29\,V- : 16$, den Wert 1,81. Trotz der kleinen Zähnezahlsumme entsprechen beide Zahnradpaarungen den Bedingungen, denn die sich mit ihnen ergebenden Übersetzungen und auch Drehzahlen liegen zwischen den Grenzwerten 174 und 181.

Die Furcht, unganze Zähnezahlen ergäben durch Auf- oder Abrunden unzulässige Abweichungen, ist unbegründet. In der Zahlentafel Abb. 3.1/5 sind, um dies noch besser zu verdeutlichen, für 12 Übersetzungen von 1 : 1,12 bis 1 : 4 mit Kleinrädern von $z = 16$ bis $z = 24$, also für insgesamt 108 Übersetzungen Zahnradpaarungen verzeichnet, die den Bedingungen entsprechen. Bei 29 von ihnen sind es sogar zwei, bei 21 je drei und bei einer vier Paarungen.

Über-setzung 1:	1,12	1,25	1,4	1,6	1,8	2,0	2,24	2,5	2,8	3,15	3,55	4,0
16:	18	20	23	25	28	32	36	40	45	50 51	56 57 58	63 64
17:	19	21	24	27	30	34	38	42 43	48	53 54	60 61	67 68
18:	20	23	25	29	32	36	40 41	45 46	50 51	56 57 58	63 64 65	71 72
19:	21	24	27	30	34	38	42 43	47 48	53 54	59 60 61	67 68	75 76 77
20:	22	25	28	32	36	40	44 45	50 51	56 57	62 63 64	70 71 72	79 80 81
21:	24	26	30	33	37	42	47	52 53	58 59 60	66 67	74 75 76	83 84 85
22:	25	28	31	35	39	44	49 50	55 56	61 62 63	69 70	77 78 79	88 89
23:	26	29	32 33	36 37	41	46	51 52	57 58	64 65 66	72 73 74	81 82 83	91 92 93
24:	27	30	34	38	42 43	48	53 54	59 60 61	67 68 69	75 76 77	84 85 86 87	94 96 97

Abb. 3.1/5. Beispiele zur Verdeutlichung des großen Spielraumes, den die Grenzwerte der DIN 804 für die Drehzahlen lassen. Alle 108 Zahnradpaarungen geben Übersetzungen und Drehzahlen, die innerhalb der Grenzwerte liegen und mit denen die zugelassenen Toleranzen nicht überschritten werden

Die günstigere von mehreren Zahnradpaarungen ist selbstverständlich diejenige, die etwa in der Mitte zwischen den Grenzwerten liegt. Welche aber endgültig zu wählen ist, wird bei der Ermittlung der Zähnezahlen für die Übersetzungen des nächsten Teilgetriebes bestimmt.

Bei der Enddrehzahlkontrolle sich schließlich doch noch herausstellende und beispielsweise wegen Räderbindung nicht ganz einfach zu beseitigende Überschreitungen nach *oben* von wenigen Zehnteln der Grenzwerte sind bedeutungslos, einmal weil sich aus ihnen später in den Betrieben keine Stücklohnstreitigkeiten entwickeln können, sodann aber auch, weil sie in den noch hinzukommenden elektrischen Toleranzen untergehen.

Aber auch kleine Überschreitungen an der einen oder anderen Stelle nach *unten* brauchen noch keine Bedenken auszulösen, wenn beim Antriebsmotor entsprechend der Norm mit einer Vollastdrehzahl von 1410

U/min. gerechnet worden ist, während sie meist bei 1420 U/min. liegt. Zwar ist der Unterschied nicht groß, kann aber gelegentlich ausnutzbar sein, wenn auf die elektrischen Toleranzen nicht zurückgegriffen werden soll.

Dem Allheilmittel, die Zähnezahlsumme der Übersetzungen von vornherein groß genug zu wählen, um mühelos passende Zahnradpaarungen zu finden, sei hier nicht das Wort geredet, um nicht zu einem Verschwenden von Bauaufwand zu verleiten.

Aus einem anderen Grund können aber größere Zähnezahlsummen bei den Übersetzungen zu einer zwingenden Notwendigkeit werden, nämlich für das unbehinderte Verschieben von Schieberadblöcken bei sogenannter feiner Stufung und kurzer Bauart. Diese Fälle sind im Abschn. 7.1 besprochen.

3.2 Die Aufteilung großer Sprünge

Der vielgebrauchte Sprung 8 läßt sich mit den beiden Grenzübersetzungen 1 : 2 und 4 : 1 erreichen. Beim ebenfalls sehr häufig auftretenden Sprung 16 ist aber eine Überbrückung mit zwei einfachen Übersetzungen nicht möglich. Es sind besondere Maßnahmen nötig, die zu unterschiedlichen Lösungen führen. Der große Sprung kann auf zwei Teilgetriebe verteilt werden. Seine große Übersetzung ins Langsame kann aber auch in zwei oder mehr Zwischenübersetzungen (Zwischenvorgelege) aufgelöst werden. Weiter besteht die Möglichkeit, an die Stelle der großen Übersetzung ins Langsame ein mehrstufiges Zweiwellengetriebe als Vorgelege zu setzen oder schließlich dem Kerngetriebe ein Vorgelegegetriebe nachzuschalten.

Alle diese Maßnahmen brauchen sich aber durchaus nicht nur auf den Sprung 16 zu beschränken. Sie lassen sich auch auf kleinere Sprünge anwenden.

3.21 Aufteilen des Teilgetriebes mit dem großen Sprung in zwei Teilgetriebe. Das Aufbaunetz Abb. 3.2/1 zeigt ein neunstufiges Dreiwellengetriebe mit dem Stufensprung 1,6 und dem Gesamtsprung 2,5 im ersten, sowie 16 im zweiten Teilgetriebe.

Letzteres wird in zwei zweistufige Teilgetriebe aufgelöst, deren Sprünge eine ganzzahlige Potenz des Stufensprunges 1,6 mit dem Produkt 16 ergeben. Der große Sprung kann also nur in 4 und 4 (Abb. 3.2/2) oder in 2,5 und 6,3 (Abb. 3.2/3) aufgeteilt werden. An die Stelle des zweiten Teilgetriebes der Abb. 3.2/1, eines dreistufigen Zweiwellengetriebes, tritt somit ein von zwei zweistufigen Teilgetrieben gebildetes Dreiwellengetriebe. Das Gesamtgetriebe enthält demnach drei Schieberadblöcke. Die beiden neuen Teilgetriebe ergeben jedoch zusammen mit dem Grundgetriebe nur neun statt zwölf Drehzahlen, weil jeweils drei auf zwei unterschiedlichen Wegen doppelt erzeugt werden. Durch dieses

Doppelerzeugen entsteht somit in der Enddrehzahlreihe ein Schwund von drei Drehzahlen (Drehzahlschwund). Die drei doppelt erzeugten Drehzahlen sind in den Abb. 3.2/2 und 3.2/3 zweimal eingekreist.

Bei vielstufigen Mehrwellengetrieben kann ein solches Mehrerzeugen von Drehzahlen dazu veranlassen, die Stufenzahl des Kerngetriebes herabzusetzen und das Aufbaunetz umzubauen.

Um ein Beispiel dafür zu geben, ließe sich in dem sechzehnstufigen Vierwellengetriebe $(4 \cdot 2 \cdot 2)$ mit dem Stufensprung 1,4 der Abb. 3.2/4 das letzte Teilgetriebe mit dem Sprung 16 in zwei Teilgetriebe aufteilen. Die Gesamtaufteilung $4 \cdot 2 \cdot 2 \cdot 2$ nach Abb. 3.2/5 ergäbe einen Schwund von sechzehn Drehzahlen, weil zwölf vom zweiten und dritten Teilgetriebe her doppelt und vier davon außerdem noch im vierten Teilgetriebe dreifach erzeugt werden. Das Kerngetriebe $(4 \cdot 2)$ braucht somit nur $3 \cdot 2 = 6$-stufig und die Gesamtaufteilung $3 \cdot 2 \cdot 2 \cdot 2$ zu sein (Abb. 3.2/6), womit sich der Drehzahlschwund von sechzehn auf acht verringert.

3.22 Aufteilen der Übersetzung ins Langsame des großen Sprunges durch Zwischenübersetzungen. In einem zwölfstufigen Dreiwellengetriebe mit dem Aufbaunetz der Abb. 3.2/7 wird die große Übersetzung ins Langsame des dritten Teilgetriebes durch ein einstufiges Dreiwellengetriebe ersetzt (Abb. 3.2/8). Des Drehsinnes wegen muß in die direkte Übersetzung von Welle III zu IV ein Zwischenrad eingefügt werden.

In einem zweiten Beispiel eines neunstufigen Dreiwellengetriebes mit dem Stufensprung 1,6 und dem großen Sprung 16 und dem Aufbaunetz nach Abb. 3.2/1 ist im zweiten Teilgetriebe die Übersetzung 8 : 1 des Sprunges 16 nach Abb. 3.2/9 durch ein Zwischenvorgelege in die beiden Übersetzungen 2,8 : 1 und 2,8 : 1 aufgeteilt. Damit die Antriebswelle bei eingeschaltetem Zwischenvorgelege ihren Drehsinn nicht wechselt, ist auch hier ein Zwischenrad erforderlich, und außerdem darf das abgeschaltete Zwischenvorgelege nicht rückwärts ins Schnelle getrieben werden. Es darf also nicht mit der getriebenen Welle seines Teilgetriebes, sondern muß mit dessen treibender Welle in dauerndem Eingriff stehen. Der weitere Wunsch, die Räderdurchmesser klein zu halten und eine besondere Welle bzw. einen Lagerbolzen für das Zwischenrad zu vermeiden, führt unter Weglassung von Zwischenlösungen zur Aufteilung der Übersetzung 8 : 1 in ein einstufiges Vierwellengetriebe mit drei Übersetzungen von je 2 : 1, indem auch das Zwischenrad als Übersetzung benützt wird. Die Achsen der Zwischenübersetzungen fallen mit den Getriebewellen I und II zusammen (Abb. 3.2/10). Die Räderanordnung dieses Getriebes ist in Abb. 7.4/1 gezeigt.

3.23 Ersatz der Übersetzung ins Langsame des großen Sprunges durch ein mehrstufiges Zweiwellengetriebe. Im Aufbaunetz der Abb. 3.2/11 ist hinter ein vierstufiges Kerngetriebe mit dem Stufensprung 1,4 ein

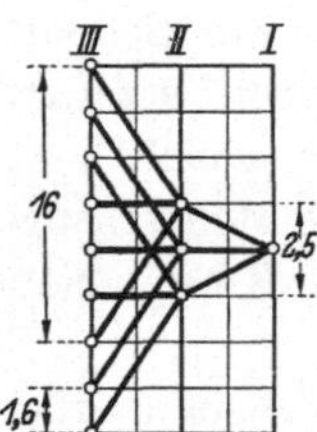 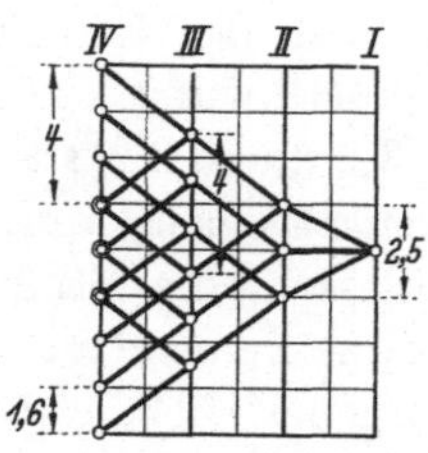 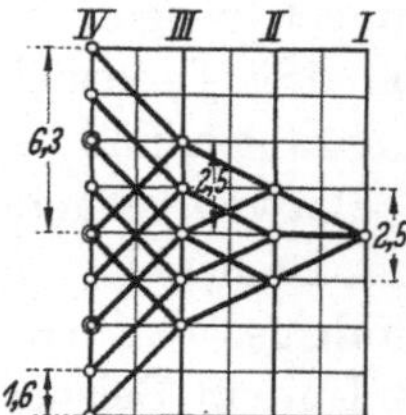

Abb. 3.2/1. Aufbaunetz eines neunstufigen Getriebes mit dem Stufensprung 1,6 und dem großen Sprung 16

Abb. 3.2/2. Aufteilen des zweiten Teilgetriebes der Abb. 3.2/1 mit dem Sprung 16 in zwei Teilgetriebe mit dem Sprung 4. Schwund von drei Stufen

Abb. 3.2/3. Aufteilen des zweiten Teilgetriebes der Abb. 3.2/1 in zwei Teilgetriebe mit den Sprüngen 2,5 und 6,3. Schwund von drei Stufen

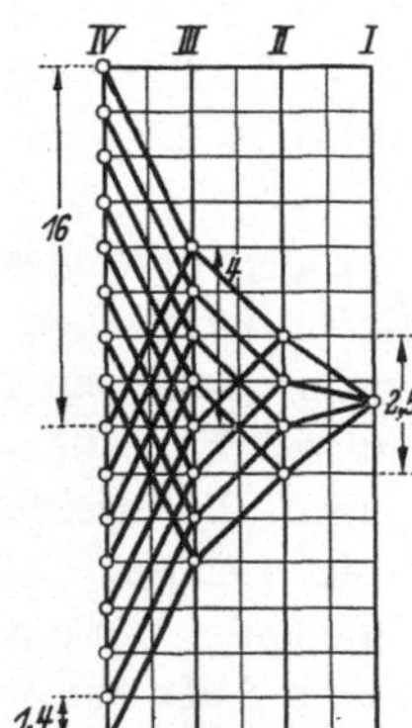 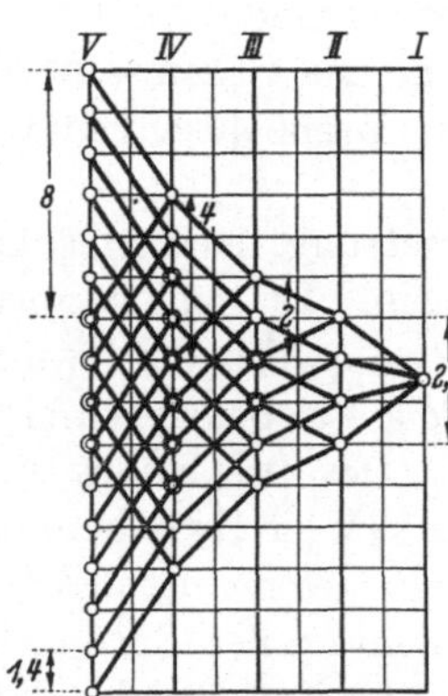 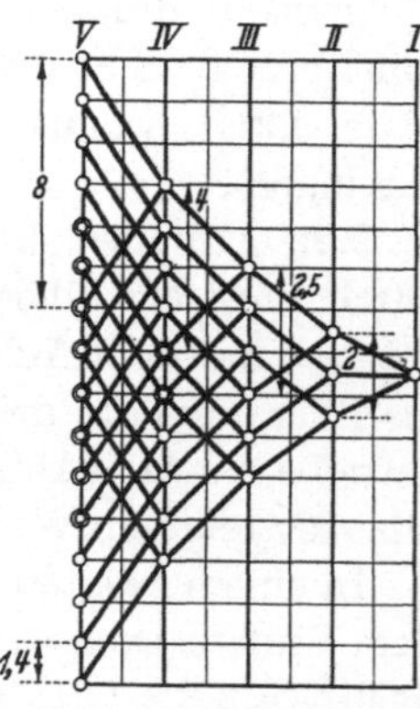

Abb. 3.2/4. Aufbaunetz eines sechzehnstufigen Getriebes 4 · 2 · 2 mit dem Stufensprung 1,4 und dem großen Sprung 16

Abb. 3.2/5. Aufteilen des letzten Teilgetriebes der Abb. 3.2/4 in zwei zweistufige. Gesamtaufbau 4 · 2 · 2 · 2. Schwund von 2 · 6 + 4 = 16 Stufen

Abb. 3.2/6. Umstellen des Getriebes der Abb. 3.2/5 in 3 · 2 · 2 · 2. Der Stufenschwund wird auf acht verringert

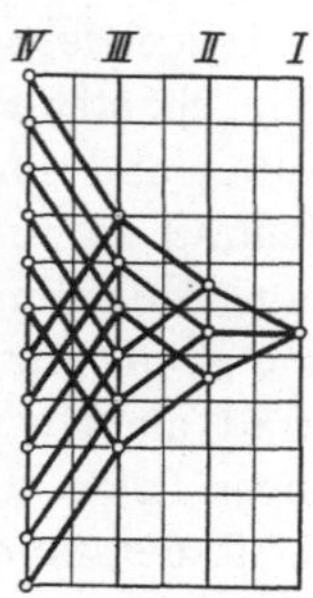 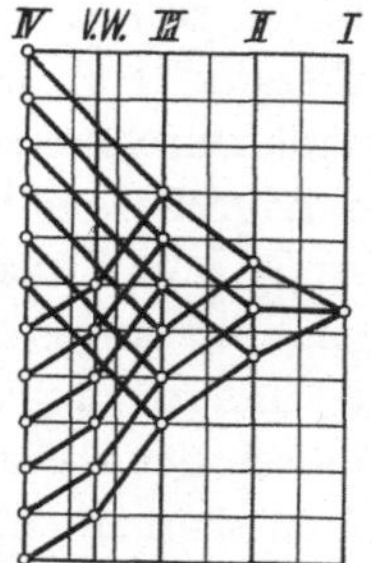 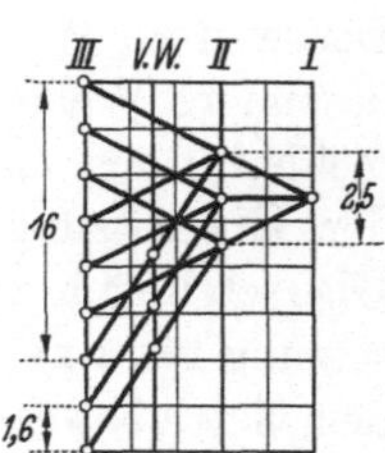

Abb. 3.2/7. Aufbaunetz eines zwölfstufigen Getriebes 3 · 2 · 2

Abb. 3.2/8. Die große Übersetzung ins Langsame des dritten Teilgetriebes der Abb. 3.2/7 wird in zwei Übersetzungen von entsprechender Größe aufgeteilt

Abb. 3.2/9. Getriebe mit dem Aufbaunetz der Abb. 3.2/1. Die große Übersetzung 8 : 1 des Sprunges 16 ist durch zwei Übersetzungen von je 2,8 : 1 aufgeteilt

drittes dreistufiges Teilgetriebe geschaltet, dessen Übersetzung ins Langsame durch ein zweistufiges Zweiwellengetriebe ersetzt ist. Es muß nunmehr den Sprung 16 überbrücken und ergibt die acht unteren Enddrehzahlen, während die vier des Kerngetriebes durch die direkte Übersetzung auf die Abtriebswelle übergehen. Somit entsteht ein zwölfstufiges Getriebe mit dem Stufensprung 1,4. Die Vorgelegewelle wird des richtigen Drehsinnes wegen über ein Zwischenrad von der Welle III angetrieben.

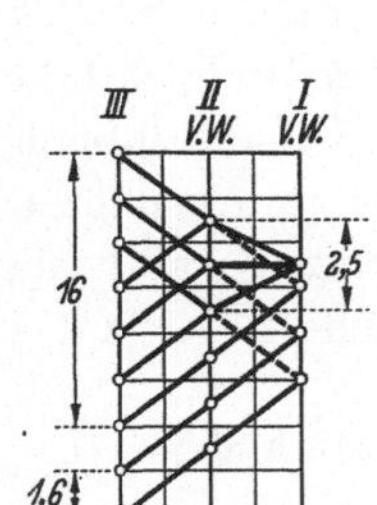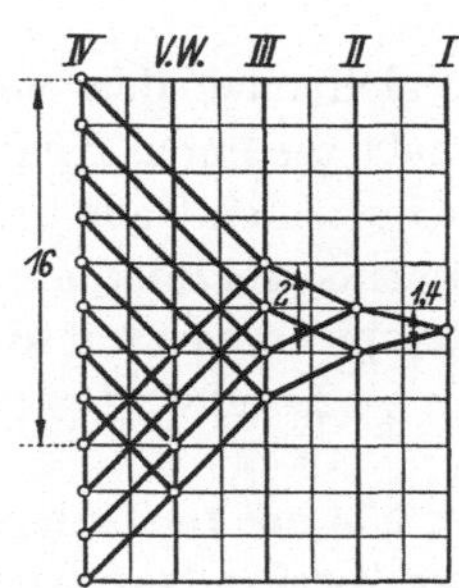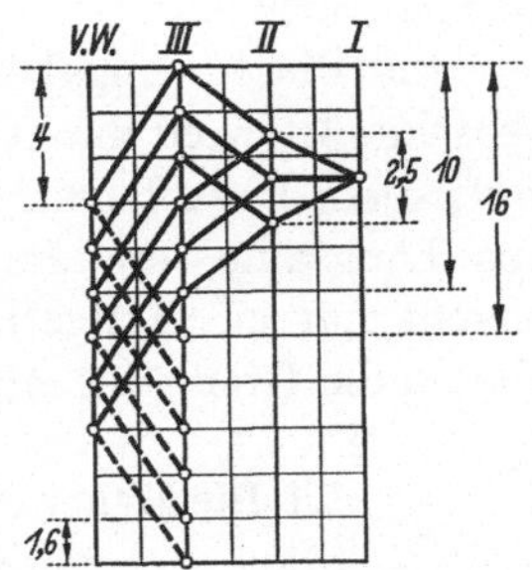

Abb. 3.2/10. Die große Übersetzung 8 : 1 des Sprunges 16 ist in drei Übersetzungen von je 2 : 1 aufgeteilt, deren Achsen die der Wellen I und II sind (Räderanordnung s. Abb. 7.4/1)

Abb. 3.2/11. Aufbaunetz eines zwölfstufigen Getriebes 2 · 2 · 3 mit dem Stufensprung 1,4, bei dem die große Übersetzung des Sprunges 16 durch ein zweistufiges Zweiwellengetriebe ersetzt ist (Räderanordnung s. Abb. 7.4/2)

Abb. 3.2/12. Aufbaunetz eines zwölfstufigen Getriebes mit dem Stufensprung 1,6, bestehend aus einem sechsstufigen Kerngetriebe (3·2) mit nachgeschaltetem Vorgelegegetriebe mit zwei Übersetzungen von je 4 : 1 (Räderanordnung s. Abb. 7.4/3)

Die Räderanordnung dieses Getriebes, das sich auch in der Aufbauart 3 · 2 · 2 mit dem Sprung 8 im dritten Teilgetriebe entwerfen ließe, ist in Abb. 7.4/2 gezeigt.

3.24 Nachschalten eines Vorgelegegetriebes. Mit einem zweistufigen Vorgelegegetriebe läßt sich der Sprung 16 mit zwei Übersetzungen von je 4 : 1 überbrücken.

Das Aufbaunetz für ein zwölfstufiges Getriebe mit dem Stufensprung 1,6 und dem großen Sprung 16 im dritten Teilgetriebe nach Abb. 3.2/7 wird in ein sechsstufiges mit dem Stufensprung 1,6 umgeändert, dem ein zweistufiges Vorgelegegetriebe mit dem Sprung 16 nachgeschaltet ist (Abb. 3.2/12). Die Räderanordnung ist in Abb. 7.4/3 gezeigt.

4 Der innere Aufbau der wichtigsten Getriebeformen mit ihrem optimalen Drehzahlbild

Mit dem optimalen Drehzahlbild ist eine Getriebeaufgabe nur in ihrem ersten, dem rechnerischen Teil gelöst. Bei ihm bilden die Gesamtzähnezahlsumme und die Summe der Achsenabstände das Kriterium. Für die endliche Beurteilung nach dem Volumen oder dem Raumbedarf fehlt aber einstweilen noch die axiale Baulänge. Diese kommt als eine bauliche Maßnahme erst beim Ineinanderfügen der Teilgetriebe, also bei der Räderanordnung nach Abschn. 7 hinzu.

Darauf hinzuweisen, scheint an dieser Stelle angebracht.

Beim Entwurf eines Getriebes sind in der Regel der Drehzahlbereich sowie der Stufensprung durch die gestellte Aufgabe bekannt. Mitunter liegt auch noch die Antriebsdrehzahl fest, die aber nicht zugleich auch die Eingangsdrehzahl des ersten Teilgetriebes zu sein braucht. Dazwischen kann eine feste Übersetzung liegen, wie sinngemäß auch auf der Abtriebsseite.

Aus diesen Angaben läßt sich nach den Verfahrensrichtlinien des Abschn. 3.1 wohl das Aufbaunetz zeichnen, nicht aber ein Drehzahlbild aufbauen. Dazu fehlen für die einzelnen Teilgetriebe die Übersetzungen ins Langsame, die die Gesamtübersetzung ergeben. Eine Ausnahme macht nur ein Teilgetriebe beispielsweise mit dem Sprung 8, weil für diesen die Grenzübersetzungen 1 : 2 und 4 : 1 gegeben sind.

4.1 Die Mehrwellengetriebe mit fortlaufend hintereinandergeschalteten Zweiwellengetrieben

4.11 Für einfache, aus fortlaufend — also nicht rückkehrend — hintereinandergeschalteten Zweiwellengetrieben bestehende Mehrwellengetriebe, bei denen die Gesamtübersetzung ins Langsame — Getriebe für Werkzeugmaschinen übersetzen vornehmlich ins Langsame — von vornherein bekannt ist und Erschwernisse beim späteren Ineinanderfügen der Teilgetriebe nicht zu befürchten sind, kann die im Abschn. 3.1 angestellte Überlegung eine brauchbare Lösung für das optimale Drehzahlbild bringen. Dort war gesagt worden, daß die Gesamtzähnezahlsumme eines Mehrwellengetriebes dann am kleinsten wird, wenn in den Teilgetrieben die Produkte aus der größten Übersetzung ins Langsame, der Anzahl der Stufen und der Zähnezahl des Kleinrades die gleiche Größe haben. Die Stufenzahlen sind bekannt, die Zähnezahlen der Kleinsträder angenommen, somit müssen die größten Übersetzungen der Teilgetriebe nach dieser Bedingung aus der Gesamtübersetzung ins Langsame errechnet werden.

Bezeichnet also

i　　die Gesamtübersetzung ins Langsame,

$i_1, i_2 \ldots$ die größte Übersetzung ins Langsame in den Teilgetrieben,

$s_1, s_2 \ldots$ die Stufenzahl der Teilgetriebe (eine feste Übersetzung hat die Stufenzahl 1),

$z_1, z_2 \ldots$ die Zähnezahl des Kleinstrades der Teilgetriebe,

so muß

$$i_1 \cdot i_2 \ldots = i$$

sein, und

$$i_1 \cdot s_1 \cdot z_1 = i_2 \cdot s_2 \cdot z_2 \ldots$$

Demnach ist bei zwei Teilgetrieben die Gesamtübersetzung aufzuteilen in

$$i_1 = \frac{\sqrt{i \cdot s_1 \cdot z_1 \cdot s_2 \cdot z_2}}{s_1 \cdot z_1}$$

und

$$i_2 = \frac{\sqrt{i \cdot s_1 \cdot z_1 \cdot s_2 \cdot z_2}}{s_2 \cdot z_2}$$

oder bei drei Teilgetrieben

$$i_1 = \frac{\sqrt[3]{i \cdot s_1 \cdot z_1 \cdot s_2 \cdot z_2 \cdot s_3 \cdot z_3}}{s_1 \cdot z_1}$$

$$i_2 = \frac{\sqrt[3]{i \cdot s_1 \cdot z_1 \cdot s_2 \cdot z_2 \cdot s_3 \cdot z_3}}{s_2 \cdot z_2}$$

$$i_3 = \frac{\sqrt[3]{i \cdot s_1 \cdot z_1 \cdot s_2 \cdot z_2 \cdot s_3 \cdot z_3}}{s_3 \cdot z_3}$$

Für die errechneten Werte von i_1, i_2 ... werden zweckmäßig entsprechende Normübersetzungen gewählt. Die übrigen Teilübersetzungen ergeben sich durch Teilen der errechneten größten Teilübersetzung durch den Stufensprung des Teilgetriebes.

Als Beispiel für den Rechnungsgang möge das sechsstufige Dreiwellengetriebe mit dem Stufensprung 1,25 und dem Drehzahlbild Abb. 3.1/1 b dienen. Als Kleinsträder seien im ersten Teilgetriebe $z = 17$ und im zweiten $z = 18$ vorgeschrieben.

Die Gesamtübersetzung ins Langsame ist $1400 : 450 = 3,15 : 1$. Sie ist aufzuteilen in die Übersetzungen

im ersten Teilgetriebe $\quad i_1 = \dfrac{\sqrt{3,15 \cdot 3 \cdot 17 \cdot 2 \cdot 18}}{3 \cdot 17} = \dfrac{76}{51} = 1,49$, also $1,4 : 1$

im zweiten Teilgetriebe $i_2 = \dfrac{\sqrt{3,15 \cdot 3 \cdot 17 \cdot 2 \cdot 18}}{2 \cdot 18} = \dfrac{76}{36} = 2,1$, also $2,24 : 1$

Im ersten Teilgetriebe liegen somit die Übersetzungen $1 : 1,12$, $1,12 : 1$ und $1,4 : 1$, im zweiten $1,12 : 1$ und $2,24 : 1$. Sie erhalten mit dem Kleinstrad $z = 17$ im ersten Teilgetriebe die Zähnezahlen $19\,V+ : 21$, $21 : 19\,V+$ und $24 : 17$, mit dem Kleinstrad $z = 18$ im zweiten Teilgetriebe die Zähnezahlen $30 : 27\,V+$ und $40 : 18$. Beide Teilgetriebe haben ungefähr gleiche Gesamtzähnezahlsummen, nämlich das erste $3 \cdot 41 = 123$ und das zweite $2 \cdot 58 = 116$.

In dieser Rechnung, die nur die Aufteilung der Gesamtübersetzung auf die Teilgetriebe nach Maßgabe ihrer Stufenzahl und der Zähnezahl ihrer Kleinsträder zum Ziel hat, sind die Grenzübersetzungen nicht berücksichtigt. Es ist also damit zu rechnen, daß sie gelegentlich überschritten werden. In einem solchen Fall ist die betreffende Übersetzung auf den Grenzwert zurückzuführen. Damit ändern sich auch die übrigen Übersetzungen dieses Teilgetriebes, und die Differenz zur Gesamtübersetzung ins Langsame muß auf das oder die anderen Teilgetriebe übertragen werden. Solche Korrekturen machen jedoch keine besondere Mühe, wie das Beispiel der Abb. 4.1/1 zeigt.

Hier ist die Gesamtübersetzung von 2,5 : 1 in zweimal 1,6 : 1 auf die beiden dreistufigen Teilgetriebe zu unterteilen. Dabei ergibt sich im zweiten Teilgetriebe für die höchste der drei Drehzahlen eine größte Übersetzung von 1 : 2,5. Sie muß auf den Grenzwert 1 : 2 zurückgeführt werden. Dadurch vergrößert sich in diesem Teilgetriebe nach Abb. 4.1/2 die Übersetzung von 1,6 : 1 auf 2 : 1, während umgekehrt die des ersten Teilgetriebes von 1,6 : 1 auf 1,25 : 1 zu verringern ist.

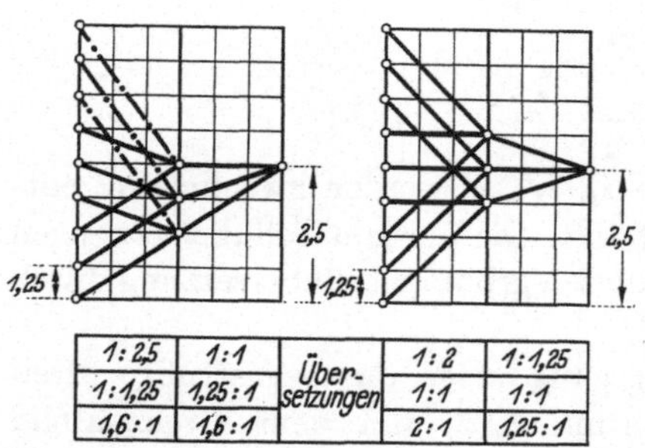

1 : 2,5	1 : 1	Über-setzungen	1 : 2	1 : 1,25
1 : 1,25	1,25 : 1		1 : 1	1 : 1
1,6 : 1	1,6 : 1		2 : 1	1,25 : 1

Abb. 4.1/1. Die Gesamtübersetzung ins Langsame 2,5 : 1 ist in die beiden Übersetzungen 1,6 : 1 und 1,6 : 1 aufgeteilt. Dabei überschreitet im zweiten Teilgetriebe die Übersetzung 1 : 2,5 die Grenzübersetzung 1 : 2

Abb. 4.1/2. Die Übersetzung 1 : 2,5 in Abb. 4.1/1 muß in 1 : 2 umgewandelt werden. Dadurch ändern sich die Übersetzungen des ersten Teilgetriebes entsprechend

Störend ist bei dieser Berechnungsweise, daß in manchen Fällen ein Rad in eine danebenliegende Welle ein- oder sie gar abschneidet und damit zu einer Lagerung der verkürzten Welle im Innern des Getriebegehäuses zwingt. Die Teilgetriebe können also oftmals nur aneinander- und nicht ineinandergefügt werden, wie dies zur Kürzung der Baulänge oder für eine Bindung wünschenswert oder Voraussetzung wäre. Dieser, der rein theoretischen Berechnungsweise anhaftende Mangel an Rücksichtnahme auf die praktischen Erfordernisse wird durch die folgende vermieden.

4.12 Sie macht zur Bedingung, daß störende Behinderungen der genannten Art von vornherein ausgeschlossen werden, indem kein Rad mit seinem Kopfkreis eine Welle berühren darf. Alle Wellen gehen frei durch das Getriebe hindurch. Damit ist auch einem Wunsch fertigungstechnischer Art Rechnung getragen, die Wellenlager in Außenwände des Gehäuses zu legen, weil Bohrungen in seinem Innern umständlich herzustellen sind und auch den Einbau der Wellen und Räder erschweren.

Die durchgehenden Wellen sind also für dieses Berechnungsverfahren kennzeichnend. Deshalb sei es im Unterschied zum vorhergehenden, das die kleinste Gesamtzähnezahlsumme allein zum Ziel hat, als dasjenige mit der kleinsten Zähnezahlsumme bei durchgehenden Wellen benannt.

Nach diesem Verfahren werden die Übersetzungen nach den Achsenabständen und nicht umgekehrt die Achsenabstände nach den Übersetzungen bemessen. So bestimmt in Abb. 4.1/3 beispielsweise das Rad z_4 den Abstand von Welle III zu II und damit die Zähnezahlsumme des zweiten Teilgetriebes. Für die größtmögliche Übersetzung $z_5 : z_6$ dieses Teilgetriebes ergibt sich z_5 als Differenz zwischen der Zähnezahlsumme und dem bekannten Kleinstrad z_6.

Auszugehen ist vom letzten, hier dem dritten Teilgetriebe. Es hat infolge des in ihm liegenden größten Sprunges den größten Achsenabstand, so daß eine Berührungsgefahr zwischen einem Radkopfkreis und einer Welle nicht besteht. Außerdem sind seine Übersetzungen durch die beiden Kleinsträder z_2 und z_3 und den Sprung bestimmt. Beim Sprung 8 sind sie schon durch die Grenzübersetzungen gegeben.

Da die Gesamtübersetzung bei dieser Rechnung außer Acht bleibt, muß als Ausgleich eine, meist sowieso vorgesehene Eingangs- oder Ausgangsübersetzung dienen. Die Zähnezahlen aller Kleinsträder werden, wie auch sonst, vorher festgelegt, notfalls geschätzt, ebenso der Modul und auch die Durchmesser der Wellen. Unerfüllbare Bedingungen werden dadurch nicht gestellt, denn kein Getriebe wird im luftleeren Raum konstruiert. Spätere Richtigstellungen verursachen keine Mühe. Die Wellen können gekürzt werden, wenn kein Rad ge-

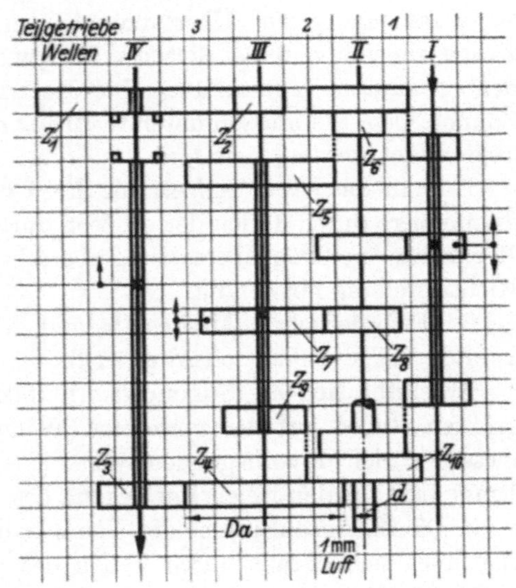

Abb. 4.1/3. Räderanordnung zur Erläuterung der Berechnung eines Mehrwellengetriebes mit der kleinsten Zähnezahlsumme bei durchgehenden Wellen

bunden wird, und auch die Zähnezahlsummen der Übersetzungen lassen sich vergrößern, falls die Umstände dazu zwingen. Es soll nur nichts nutzlos verschenkt werden.

Entsprechend der Abb. 4.1/3 setzt sich der Rechnungsgang aus folgenden Schritten zusammen:

1. Errechnen der Zähnezahlen der Übersetzungen des letzten — hier des dritten — Teilgetriebes.

Bezeichnet

φ den Sprung im letzten Teilgetriebe (sofern es dreistufig ist),

φ_g den Gesamtsprung in diesem Teilgetriebe,

z_1 die Zähnezahl des gesuchten Gegenrades auf der Welle IV zum bekannten Kleinstrad z_2 auf der Welle III,

z_2 das bekannte Kleinstrad auf der Welle III,

z_3 das bekannte Kleinstrad auf der Welle IV,

z_4 das gesuchte Gegenrad auf der Welle III zum bekannten Kleinstrad z_3 auf der Welle IV,

so muß

$$z_1 + z_2 = z_3 + z_4 \text{ und } \frac{z_1 : z_2}{z_3 : z_4} = \varphi_g$$

sein. Somit ist

$$z_4 = -\frac{z_3 - z_2}{2} + \sqrt{\frac{(z_3 - z_2)^2}{4} + (\varphi_g \cdot z_2 \cdot z_3)}$$

Ist das Rad z_4 errechnet, so ergibt sich mit seinem Gegenrad z_3 die Zähnezahlsumme der Übersetzungen im letzten Teilgetriebe und die Zähnezahl von z_1 findet sich als Differenz dieser Zähnezahlsumme und der bekannten Zähnezahl z_2. Die Rechnung bringt meist gebrochene Zähnezahlen. Sie müssen unter Wahrung der Zähnezahlsumme auf- oder abgerundet werden.

Enthält das letzte Teilgetriebe drei Übersetzungen, so bestimmt sich die mittlere durch Teilen der größten durch den Sprung φ. Wird bei der Rechnung eine Grenzübersetzung überschritten, so ist eine entsprechende Richtigstellung notwendig.

2. Erforderlicher Mindestabstand A zum vorhergehenden, dem zweiten Teilgetriebe nach Abb. 4.1/3.

Er ergibt sich als Summe des halben *Außen*durchmessers Da des größten Rades auf der vorletzten Welle III und des halben Durchmessers d der davorliegenden Welle II unter Hinzunahme von etwa 1 mm Luft für den freien Vorbeigang des Rades an der Welle II.

3. Die Zähnezahlsumme der Übersetzungen des zweiten Teilgetriebes errechnet sich daraus durch Teilen des doppelten Achsenabstandes A durch den Modul.

4. Größe der Übersetzungen und ihre Zähnezahlen.

Die größte Teilübersetzung $z_5 : z_6$ wird aus der eben ermittelten Zähnezahlsumme gefunden als das Verhältnis der um die Zähnezahl des kleinen Rades z_6 verminderten Zähnezahlsumme zur Zähnezahl des kleinen Rades z_6. Die mittlere Übersetzung $z_7 : z_8$ ergibt sich durch Teilen der größten Übersetzung $z_5 : z_6$ durch den Sprung, und die dritte Übersetzung $z_9 : z_{10}$ wiederum durch Teilen der mittleren Übersetzung $z_7 : z_8$ durch den Sprung.

Mit den auf die gleiche Weise errechneten Werten der übrigen Teilgetriebe — hier nur noch des ersten — wird das Drehzahlbild von der Enddrehzahlreihe her aufgebaut. Der erreichte letzte Punkt ist die Eingangsdrehzahl. Fällt sie nicht mit der Antriebszahl zusammen, so ist eine feste Eingangsübersetzung notwendig, die sich aus den gegebenen Werten bestimmt.

Die Rechnungsart auf die kleinste Gesamtzähnezahlsumme bei durchgehenden Wellen hin soll anschließend an einem Beispiel gezeigt werden, in dem verschiedene Zweifelsfälle und ihre Behandlung enthalten sind. Es zeigt auch, daß die Rechnung kaum mehr Zeit in Anspruch nimmt als das aufmerksame Durchlesen der Anleitung dazu.

Beispiel: 18-stufiges Mehrwellengetriebe mit der Drehzahlreihe R 20/2 (35,5···1800). Stufensprung 1,25. Durchgehende Wellen. Antriebsmotor 1410 U/min. Feste Übersetzung zwischen Motor und Getriebe. Kleinsträder $z = 16$, auf der letzten Welle (Spindel) $z = 28$. Grenzübersetzungen 1 : 2 und 4 : 1. Einheitlicher Modul 3, um die Rechnung übersichtlicher zu machen. Wellendurchmesser aus dem gleichen Grund einheitlich 25 mm.

Abb. 2./1 zeigt das Aufbaunetz mit der Stufenverteilung $1 \cdot 3 \cdot 3 \cdot 2$ und ergibt die Stufensprünge $1,25-2-8$ bzw. die Gesamtsprünge $1,6-4-8$. Das Produkt letzterer ist, mit Genauwerten gerechnet, gleich der Bereichszahl $1800 : 35,5 = 50 = 1,25^{(18-1)}$.

Die Rechnung beginnt beim letzten, dem vierten Teilgetriebe. Trotzdem seine Übersetzungen durch den Gesamtsprung 8 und durch die Grenzüberstzungen bestimmt sind, sei die Rechnung zum Vergleich durchgeführt. Das Drehzahlbild ist in Abb. 2./2 gezeigt. Nach der Formel zu Abb. 4.1/3 wird

$$z_4 = - \frac{(28 - 16)}{2} + \sqrt{\frac{(28 - 16)^2}{4} + (8 \cdot 16 \cdot 28)} = - 6 + 60 = 54$$

Zähnezahlsumme $54 + 28 = 82$.

$z_1 = 82 - 16 = 66$.

In der Praxis könnte es zunächst bei diesen Zähnezahlen bleiben. Hier im Beispiel wird aber verlangt, daß die Grenzübersetzungen eingehalten werden. Deshalb — und nur aus diesem Grund — müssen die Zähnezahlen in $z = 28 : 56$ und 68 V— : 17 mit der vergrößerten Zähnezahlsumme 84 geändert werden. Das Kleinstrad auf der Welle IV muß statt 16 nunmehr 17 Zähne bekommen, was für das Gegenrad eine negative Profilverschiebung um 1 Zahn (V—) nötig macht. Der Achsenabstand wird $\frac{84 \cdot 3}{2} = 126$ mm.

Den Mindestachsenabstand im dritten Teilgetriebe bestimmen das größte Rad mit 56 Zähnen und dem Modul 3 auf der Welle IV und der Durchmesser der Welle III von 25 mm zu $\frac{56 + 2}{2} \cdot 3 + \frac{25}{2} + 1 = 100,5$ mm.

Aus diesem Achsenabstand und dem Modul 3 ergibt sich für die Übersetzungsräder des dritten Teilgetriebes eine Zähnezahlsumme von $\frac{2 \cdot 100,5}{\text{Modul } 3} = 67$ und aus ihr mit dem bekannten Kleinstrad $z = 16$ die größte Übersetzung $(67 - 16) : 16 = 51 : 16$, also stark angenähert die

Übersetzung 3,15 : 1. Wäre dies nicht der Fall, dann müßten die Zähnezahlen so geändert werden, daß eine Normübersetzung zustandekommt.

Die beiden anderen Übersetzungen finden sich beim Sprung 2 (Aufbaunetz Abb. 2./1) zu $3,15 : 2 = 1,6 : 1$ und $1,6 : 2 = 1 : 1,25$ mit den Zähnezahlen $z = 41 : 26$ und $30 : 37$ oder $30 : 38$. Mit $z = 37$ ergäbe sich zwar die richtige Zähnezahlsumme von 67, mit $z = 38$ aber der Genauwert der Übersetzung. Deshalb wird $z = 38 \, V-$ gewählt. Der Achsenabstand bleibt durch die Profilverschiebung gewahrt. Die Zähnezahlen werden in das vorbereitete Drehzahlbild (Abb. 2./2) eingetragen.

Im zweiten Teilgetriebe ist mit dem größten Rad $z = 38 \, V-$ auf Welle III und mit dem Durchmesser der Welle II von wiederum 25 mm ein Mindestachsenabstand von $\dfrac{(38-1+2)}{2} \cdot 3 + \dfrac{25}{2} + 1 = 72$ mm notwendig, dem eine Zähnezahlsumme von $\dfrac{2 \cdot 72}{3} = 48$ entspricht.

Somit wird die größte Übersetzung $(48-16) : 16 = 32 : 16 = 2 : 1$. Beim Stufensprung 1,25 in diesem Teilgetriebe sind die beiden anderen Übersetzungen $2 : 1,25 = 1,6 : 1$ und $1,6 : 1,25 = 1,25 : 1$ entsprechend $z = 29 : 18 \, V+$ (oder $z = 30 \, V- : 19$) und $z = 27 : 21$. Die mittlere Übersetzung kann bis zur Kontrolle der Drehzahlen unentschieden bleiben, wo sich zeigen wird, daß $z = 29 : 18 \, V+$ richtig ist.

Der Eintrag ins Drehzahlbild ergibt schließlich für die feste Eingangsübersetzung den übrig bleibenden Teil zwischen der Gesamtübersetzung ins Langsame von $1410 : 35,5 = 39,7 : 1$ und dem Produkt der größten Teilübersetzungen ins Langsame von $(2 \cdot 3,19 \cdot 4) : 1 = 25,5 : 1$ den Wert $39,7 : 25,5 = 1,55 : 1$ entsprechend $z = 25 : 16$ mit einem Achsenabstand von $\dfrac{41}{2} \cdot 3 = 61,5$ mm.

Die Kontrolle der erreichten Enddrehzahlen zeigt, daß die Ist-Drehzahlen innerhalb der für die Soll-Drehzahlen gelassenen Grenzen bleiben.

Die Gesamtzähnezahlsumme des Getriebes beträgt 554, die Summe der Achsenabstände 360 mm und die Zahl der Räder 18.

4.2 Die gebundenen Schieberadgetriebe

Begriff der Bindung. Bei den durch Hintereinanderschalten von zwei Zweiwellengetrieben entstandenen Dreiwellengetrieben läßt sich die Zahl der benötigten Zahnräder um eines vermindern, wenn zwei feste Räder der Mittelwelle gleich groß gemacht und zu einem einzigen vereinigt werden, das sowohl mit einem Rad der treibenden als auch mit einem der getriebenen Welle zusammenarbeitet. Getriebe mit einem solchen, zwei Teilgetrieben zugehörenden Rad sind *einfach* gebunden.

Unter besonderen Bedingungen können auch vier feste Räder der Mittelwelle in zwei zusammengelegt werden, die mit je einem Rad der treibenden und der getriebenen Welle in Eingriff stehen. Dies sind die *doppelt gebundenen Getriebe*, bei denen also zwei Räder gespart sind (Abb. 1/3).

Folgen der Bindung. Weder die einfache noch die doppelte Bindung hindert die geometrische Stufung. Allerdings bringt sie, wie dies im Wesen einer Bindung nach zwei Seiten begründet liegt, einen Zwang bei den Übersetzungen und bei doppelter Bindung sogar eine einschneidende Beschränkung der Gesamtübersetzung. Bei dreifacher Bindung läßt sich eine geometrische Stufung nicht erreichen, so daß es also dreifach gebundene Getriebe für Normdrehzahlen nicht gibt.

Das gebundene Rad wirkt wie ein Zwischenrad und ist vom Zahndruck auf beiden Seiten in der gleichen Richtung belastet. Zweckmäßig wird es also nahe einem Lager angeordnet.

Vorteile der Bindung. Die Ersparnis an Rädern, Verschiebeweg und damit an Baulänge sollte dazu führen, von der Bindung wo irgend angängig Gebrauch zu machen. Dies trifft besonders auf die doppelt gebundenen Getriebe mit ihrer sehr einfachen Bauart zu. Freilich ist ihre Berechnung nicht ganz einfach. GERMAR hat sämtliche möglichen Ausführungen für Normdrehzahlen errechnet und in den Abmessungen festgelegt. Von allen diesen Getrieben interessiert für die jeweilige Stufenzahl und den Stufensprung vornehmlich das optimale, da diese Getriebe selten allein, meist als Kerngetriebe in Verbindung mit anderen Teilgetrieben verwendet werden.

Die Tatsache der meist größeren Achsenabstands- und Gesamtzähnezahlsumme der doppelt gebundenen gegenüber einfach gebundenen Getrieben findet ihre Begründung darin, daß nur in einem der beiden Teilgetriebe ein Kleinstrad verwendet werden kann. Dieser Nachteil verringert sich aber, wenn im zweiten Teilgetriebe — wie dies häufig der Fall ist — sowieso ein Kleinrad mit verhältnismäßig großer Zähnezahl verwendet werden muß.

Einfache Bindung. Die Möglichkeit einer einfachen Bindung, sei es zwischen einem Grundgetriebe und einem Vervielfachungsgetriebe oder zwischen zwei Vervielfachungsgetrieben, ist fast immer gegeben. Mit zunehmender Stufenzahl nehmen auch die Bindungsmöglichkeiten zu. Bei den neunstufigen Dreiwellengetrieben sind die Größenunterschiede zwischen den Rädern der Mittelwelle meist so gering, daß es sich von selbst verbietet, diese Getriebe ungebunden auszuführen.

Je größer die für eine Bindung in Betracht kommenden Räder sind, um so größer ist auch die einzusparende Zähnezahl. Sie entspricht allerdings nur dann in voller Höhe der des wegfallenden Rades, wenn beide Räder schon von vornherein gleich groß sind. Meist geht aber beim

Zusammenlegen in ein einziges Rad ein Teil verloren durch die Angleichung an das größere und die dadurch bedingte Vergrößerung der Teilübersetzungen, die ihrerseits wieder eine größere Zähnezahlsumme erfordern.

Trotzdem ist in der Regel der Gewinn am Ende höher bei der Bindung zweier größerer Räder mit erheblichem Durchmesserunterschied als bei zwei kleineren, annähernd gleich großen. So zeigen die Abb. 4.2/1 und 2, daß es einen grösseren Gewinn bringt, die Räder $z = 30$ und 37 der dritten Welle (Abb. 4.2/1) zusammenlegen, wie in Abb. 4.2/2, obwohl der Unterschied sieben Zähne beträgt, statt der beiden Räder $z = 26$ der gleichen Welle, die auf den ersten Blick für eine Bindung in Betracht zu kommen

	3	2	1	3	2	1
	1:1,25 1,6:1 3,15:1	1:1 1,25:1 1,6:1	2:1	1:1,25 1,6:1 3,15:1	1,4:1 1,8:1 2,24:1	1,4:1
	67	48	48	67	53	38
	V+ 29:37 41:26 51:16	24:24 V+ 26:21 V- 30:19	32:16	V+ 29:37 41:26 50:16 V+	31:21 V+ V- 35:19 37:16	22:16
	$\Sigma z = 393$			$\Sigma z = 361$		

Abb. 4.2/1 und 2. Vorteil der Bindung der beiden Räder $z = 37$ und 30 auf Welle III in $z = 37$ gegenüber einer Bindung der beiden Räder $z = 26$ auf derselben Welle

scheinen. Im ersten Fall der Abb. 4.2/2 ergibt sich eine Gesamtzähnezahlsumme von 361 gegenüber 393 des ungebundenen Getriebes, während sie sich im zweiten Fall nur um $z = 26$ auf 367 verringern würde.

Damit ist aber nicht gesagt, daß die größeren Räder in jedem Fall für eine Bindung die am besten geeigneten sind. Bei Mehrwellengetrieben ist nämlich noch besonders darauf zu achten, daß sich des gebundenen Rades wegen nicht eine größere Baulänge ergibt, weil sich die Teilgetriebe später nicht ineinanderfügen lassen. Deshalb empfiehlt es sich, immer mehrere Bindungsmöglichkeiten ins Auge zu fassen und die entgültige Wahl beim Ineinanderfügen der Teilgetriebe zu treffen. Erst dann kommt die axiale Baulänge als weiterer Maßstab für die räumliche Ausdehnung bzw. das Volumen des Getriebes hinzu.

Eine Räderbindung läßt sich nur zwischen zwei Teilgetrieben eines Mehrwellengetriebes durchführen, nicht aber auch noch zwischen diesen und einem dritten Teilgetriebe. Ein Schieberad des zweiten müßte sonst mit einem festen Rad des dritten Teilgetriebes gebunden werden.

Eine Sonderart der einfach gebundenen Getriebe entsteht durch das Hintereinanderschalten einer festen Übersetzung und eines zweistufigen

Zweiwellengetriebes (Abb. 1/4). Damit das Antriebsrad der Übersetzung beim Stellungswechsel des Schieberades des zweiten Teilgetriebes nicht außer Eingriff kommt, muß es entweder, wie in der Abb. 1/4, selbst verbreitert werden (kleine axiale Baulänge), oder aber das Schieberad (große axiale Baulänge).

Die beiden Abtriebsräder sind fest, so daß ein solches Getriebe auch dort geeignet ist, wo z. B. auf einer Arbeitsspindel nur feste Räder bevorzugt werden.

Der Vorteil dieses Getriebes besteht darin, daß durch ein Mehr von einem Rad und einer Welle eine feste Übersetzung von maximal 4 : 1 erreicht wird, wobei die gebundene Übersetzung als Eingangsübersetzung vor dem Zweiwellengetriebe liegen kann, wie in Abb. 8.2/3, oder als Zwischenübersetzung wie in Abb. 8.2/1.

Doppelte Bindung. Entgegen der Regel für ungebundene Getriebe, den kleinen Sprung und die große Stufenzahl in das erste Teilgetriebe zu legen, muß bei den ins Langsame übersetzenden, doppelt gebundenen Getrieben der große Sprung und die kleine Stufenzahl ins erste Teilgetriebe gelegt werden, und zwar aus Gründen, die aus den Abb. 4.2/3 und 4 ersichtlich sind.

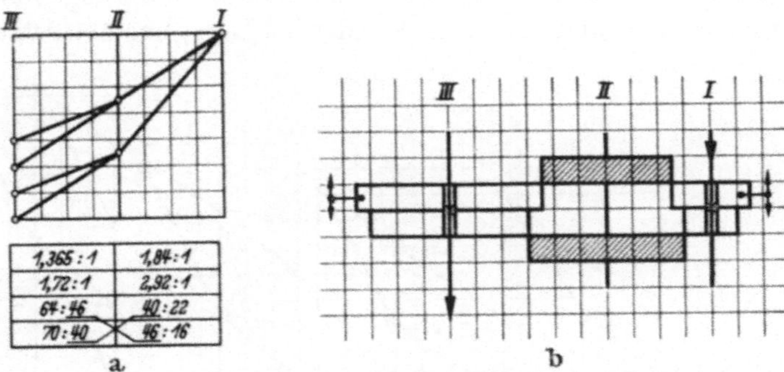

Abb. 4.2/3. Doppelt gebundenes vierstufiges Dreiwellengetriebe, ins Langsame treibend. Der große Sprung muß bei den kleinen Rädern, also im ersten Teilgetriebe liegen. a) Drehzahlbild. b) Räderanordnung

Der Zähnezahl- und Durchmesserunterschied der beiden Räder der ersten und der dritten Welle ist der gleiche. Je kleiner diese Räder sind, um so größer ist aber der Sprung zwischen ihren beiden Übersetzungen.

So zeigt Abb. 4.2/3 zwischen den beiden Rädern der ersten Welle mit 16 und 22 Zähnen einen Unterschied von sechs Zähnen und in den durch sie gebildeten Übersetzungen von 46 : 16 und 40 : 22 den Sprung 1,6. Der gleiche Unterschied in der Zähnezahl muß zwischen den beiden Rädern $z = 64$ und 70 der dritten Welle bestehen. Zwischen ihren Übersetzungen von 64 : 46 und 70 : 40 liegt aber nur der Sprung 1,25. Der große Sprung liegt demnach bei doppelter Bindung immer bei den kleineren Rädern und – da bei einer Übersetzung ins Langsame vom kleinen Rad auf das große getrieben wird – somit bei Getrieben, die ins Langsame übersetzen, im ersten Teilgetriebe, bei solchen, die ins Schnelle treiben, im zweiten Teilgetriebe. Die Abb. 4.2/3 und 4.2/4 verdeutlichen besser

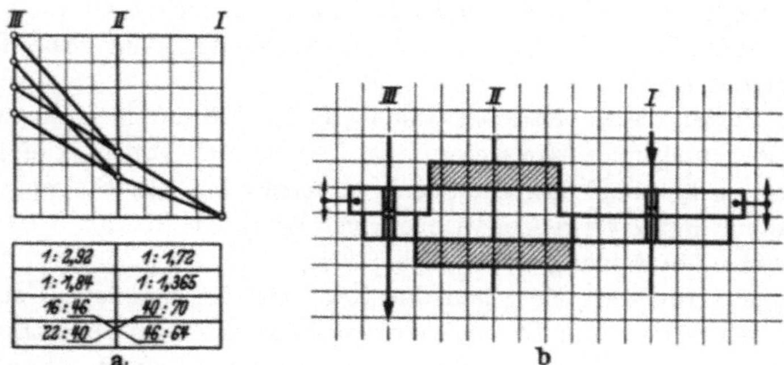

Abb. 4.2/4. Doppelt gebundenes vierstufiges Dreiwellengetriebe, ins Schnelle treibend. Der große Sprung muß bei den kleinen Rädern, also im zweiten Teilgetriebe liegen. a) Drehzahlbild. b) Räderanordnung

als Worte, daß die beiden Teilgetriebe und damit die Sprünge nur ihren Platz vertauschen, wenn ins Schnelle oder ins Langsame übersetzt wird.

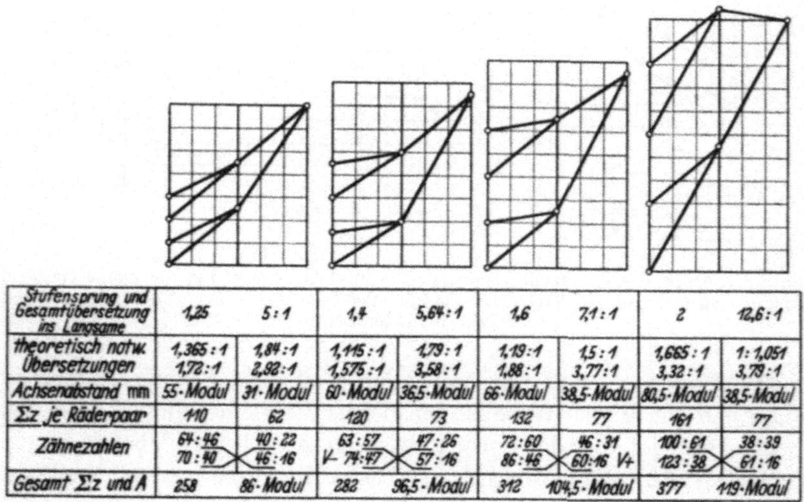

Stufensprung und Gesamtübersetzung ins Langsame		1,25	5:1	1,4	5,64:1	1,6	7,1:1	2	12,6:1
theoretisch notw. Übersetzungen		1,365:1 1,72:1	1,84:1 2,92:1	1,115:1 1,575:1	1,79:1 3,58:1	1,19:1 1,88:1	1,5:1 3,77:1	1,665:1 3,32:1	1:1,051 3,79:1
Achsenabstand mm		55·Modul	31·Modul	60·Modul	36,5·Modul	66·Modul	38,5·Modul	80,5·Modul	38,5·Modul
Σz je Räderpaar		110	62	120	73	132	77	161	77
Zähnezahlen		64:46 70:40	40:22 46:16	63:57 74:47	47:26 57:16	72:60 86:46	46:31 60:16	100:61 123:38	38:39 61:16
Gesamt Σz und A		258	86·Modul	282	96,5·Modul	312	104,5·Modul	377	119·Modul

Abb. 4.2/5. Vierstufige doppelt gebundene Dreiwellengetriebe mit den Stufensprüngen 1,25 – 1,4 – 1,6 – 2 und den kleinsten Gesamtzähnezahlsummen

Weiter gilt das im Abschn. 3.1 über die Bestimmung der Übersetzungen in den Teilgetrieben und im Abschn. 5.1 über die Umstellmöglichkeit eines Getriebes auf eine Drehzahlreihe mit anderem Sprung Gesagte *nicht* für doppelt gebundene Getriebe. Sie folgen ihren eigenen Gesetzen, auf die einzugehen aus den eingangs genannten Gründen nicht notwendig ist.

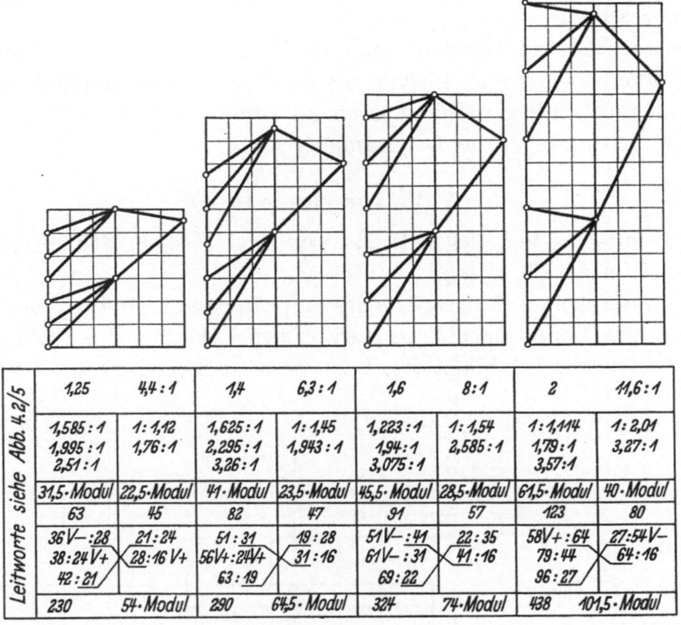

Leitworte siehe Abb. 4.2/5	1,25	4,4 : 1	1,4	6,3 : 1	1,6	8 : 1	2	11,6 : 1
	1,585 : 1 1,995 : 1 2,51 : 1	1 : 1,12 1,76 : 1	1,625 : 1 2,295 : 1 3,26 : 1	1 : 1,45 1,943 : 1	1,223 : 1 1,94 : 1 3,075 : 1	1 : 1,54 2,585 : 1	1 : 1,114 1,79 : 1 3,57 : 1	1 : 2,01 3,27 : 1
	31,5·Modul	22,5·Modul	41·Modul	23,5·Modul	45,5·Modul	28,5·Modul	61,5·Modul	40·Modul
	63	45	82	47	91	57	123	80
	36 V− : 28 38 : 24 V+ 42 : 21	21 : 24 28 : 16 V+	51 : 31 56 V+ : 24 V+ 63 : 19	19 : 28 31 : 16	51 V− : 41 61 V− : 31 69 : 22	22 : 35 41 : 16	58 V+ : 64 79 : 44 96 : 27	27 : 54 V− 64 : 16
	230	54·Modul	290	64,5·Modul	324	74·Modul	438	101,5·Modul

Abb. 4.2/6. Sechsstufige doppelt gebundene Dreiwellengetriebe mit den Stufensprüngen 1,25 — 1,4 — 1,6 — 2 und den kleinsten Gesamtzähnezahlsummen

Die doppelt gebundenen Getriebe mit der kleinsten Gesamtzähnezahlsumme, je ein vier-, sechs- und neunstufiges mit den gebräuchlichen Stufensprüngen, sind in den Abb. 4.2/5···4.2/7 wiedergegeben. Sie unverändert zu verwenden, beispielsweise in Verbindung mit einem nachgeschalteten Vervielfachungsgetriebe, ist mit Hilfe einer festen Eingangsübersetzung möglich.

Die Legenden der Drehzahlbilder enthalten die von GERMAR errechneten Übersetzungen und die erreichbaren Gesamtübersetzungen ins Langsame. Um den in jedem Fall empfehlens-

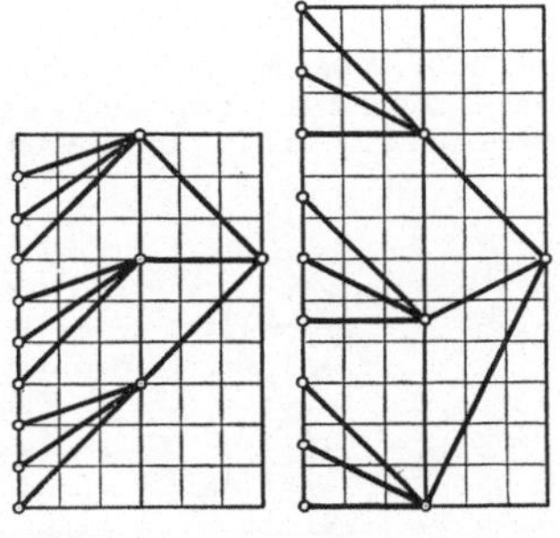

Leitworte siehe Abb. 4.2/5	1,25	4 : 1	1,4	4 : 1
	1,25 : 1 1,6 : 1 2 : 1	1 : 2 1 : 1 2 : 1	1 : 2 1 : 1,4 1 : 1	1 : 2 1,4 : 1 4 : 1
	36·Modul	24·Modul	47,5·Modul	40·Modul
	72	48	95	80
	40 : 32 44 : 28 48 : 24	16 : 32 24 : 24 32 : 16	32 V− : 64 39 V+ : 55 47 V+ : 47	27 : 53 47 : 33 64 : 16
	304	60·Modul	414	87,5·Modul

Abb. 4.2/7. Neunstufige doppelt gebundene Dreiwellengetriebe mit den Stufensprüngen 1,25 und 1,4 und den kleinsten Gesamtzähnezahlsummen

werten Vergleich, wieweit ein doppelt gebundenes Getriebe Vorteile bringt, zu erleichtern, sind weiter auch die mit einem Kleinstrad mit 16 Zähnen und bei Einhaltung der Drehzahltoleranzen erforderlichen Zähnezahlen errechnet.

Die errechneten Getriebe sind durch Ausnutzung der Normdrehzahl-Toleranzen teilweise kleiner, als die sich aus den Genauwerten von GERMAR ergebenden. Dementsprechend ändern sich auch die erreichten Gesamtübersetzungen ins Langsame.

4.3 Die Vorgelegegetriebe

Das einfache Vorgelegegetriebe mit zwei (1 + 1) Stufen wurde in Abschn. 1, Abb. 1/5, gezeigt.

Jedes der beiden Teilgetriebe des ursprünglichen Dreiwellengetriebes. aus dem das Vorgelegegetriebe durch Zurückklappen der Welle III auf die Antriebswelle I gebildet ist, kann aber auch mehrstufig sein (Abb. 4.3/1···4).

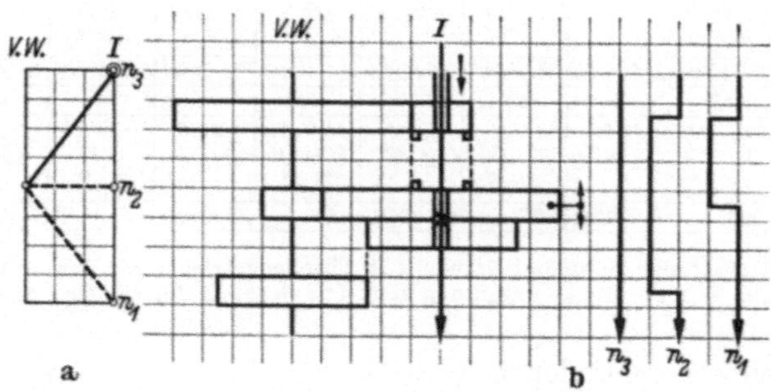

Abb. 4.3/1. Vorgelegegetriebe mit drei (1 · 2 + 1) Stufen. Erstes Teilgetriebe einstufig, zweites Teilgetriebe zweistufig. Bereichszahl 16. Stufensprung 4. Übersetzungen 4 : 1 im ersten und 4 : 1 und 1 : 1 im zweiten Teilgetriebe. Axiale Baulänge = 7 Radbreiten. a) Drehzahlbild. b) Schaltplan

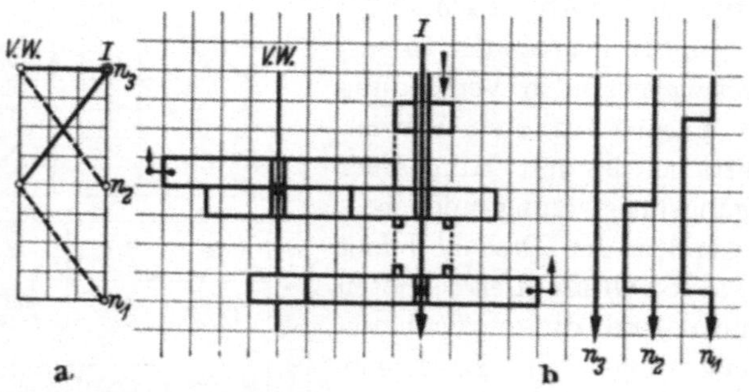

Abb. 4.3/2. Vorgelegegetriebe mit drei (2 · 1 + 1) Stufen. Erstes Teilgetriebe zweistufig, zweites Teilgetriebe einstufig. Bereichszahl 16. Stufensprung 4. Übersetzungen 4 : 1 und 1 : 1 im ersten, 4 : 1 im zweiten Teilgetriebe. Die am stärksten belastete große Übersetzung im zweiten Teilgetriebe liegt nahe der Wellenlagerung. Axiale Baulänge = 7 Radbreiten. a) Drehzahlbild. b) Schaltplan

Schieberäder im ersten Teilgetriebe machen eine besondere Schaltung nötig (Abb. 4.3/2), während sie sich im zweiten Teilgetriebe mit dem dort schon vorhandenen, als Schaltkupplung dienenden Schieberad verbinden läßt (Abb. 4.3/1). Dieser Unterschied verliert sich, wenn beide Teilgetriebe mehrstufig sind (Abb. 4.3/3 und 4).

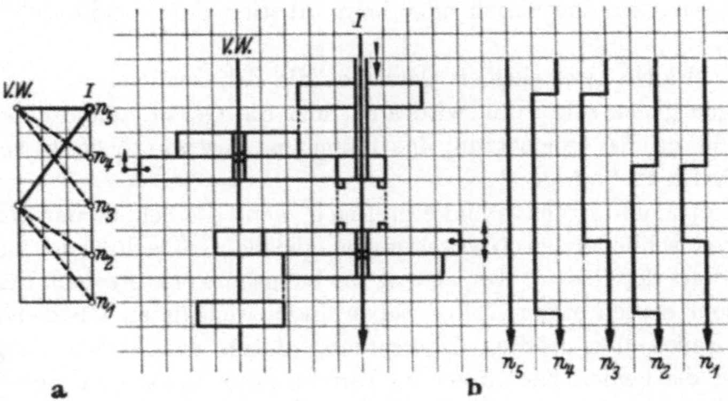

Abb. 4.3/3. Vorgelegegetriebe mit fünf (2 · 2 + 1) Stufen. Beide Teilgetriebe zweistufig, Bereichszahl 16. Stufensprung 2, Übersetzungen 1 : 1 und 4 : 1 im ersten, 2 : 1 und 4 : 1 im zweiten Teilgetriebe. Großer Sprung im ersten Teilgetriebe. Axiale Baulänge = 10 Radbreiten. a) Drehzahlbild. b) Schaltplan

Die Vorgelegewelle läuft dauernd mit. Ein Rücktrieb ins Schnelle vom ausgeschalteten Vorgelege auf das Antriebszahnrad ist durch das Schieberad mit Kupplung auf der Welle I (Abb. 4.3/1···4) vermieden.

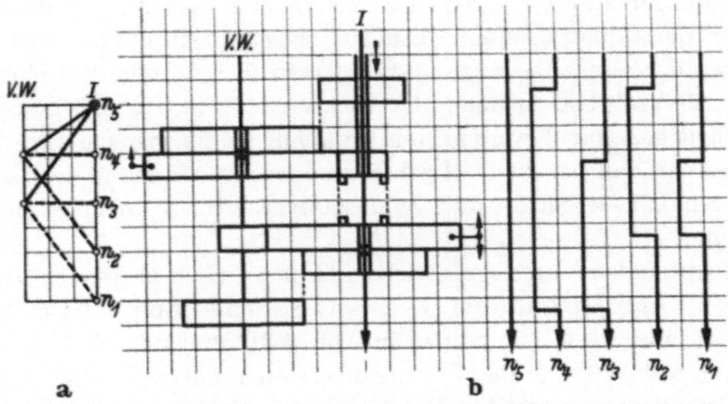

Abb. 4.3/4. Vorgelegegetriebe mit fünf (2 · 2 + 1) Stufen. Beide Teilgetriebe zweistufig. Bereichszahl 16. Stufensprung 2, Übersetzungen 2 : 1 und 4 : 1 im ersten, 4 : 1 und 1 : 1 im zweiten Teilgetriebe. Großer Sprung im zweiten Teilgetriebe. Axiale Baulänge = 10 Radbreiten. a) Drehzahlbild. b) Schaltplan

Als selbständige zweiachsige Getriebe mit mehreren Stufen — wie im Kraftwagen — werden Vorgelegegetriebe im Werkzeugmaschinenbau kaum verwendet. Der bauliche Aufwand ist im allgemeinen größer als z. B. bei den doppelt gebundenen Getrieben. Wegen der mit ihnen erreichbaren großen Übersetzung ins Langsame sind sie aber als Nachschaltgetriebe (Vervielfältigungsgetriebe) zur Ausweitung eines Grunddrehzahlbereiches sehr geeignet, besonders auch in Verbindung mit stufenlosen Grundgetrieben oder beim Antrieb durch polumschaltbare Motore.

Da bei allen zweiachsigen Getrieben die Zähnezahlsumme der Übersetzungen gleich sein muß, wird auch hier die Gesamtzähnezahlsumme durch die größte Übersetzung ins Langsame bestimmt; sie ist so klein wie möglich zu halten.

Das optimale Drehzahlbild ergibt sich, wenn die beiden, den Gesamtsprung einschließenden Übersetzungen gleiche Größe haben, also dem Wurzelwert der Gesamtübersetzung ins Langsame entsprechen. Für zwei oder mehr Stufen in den Teilgetrieben finden sich deren Übersetzungen durch Teilen der größten Übersetzung durch den Endstufensprung. Da aber die beiden Kleinräder im Durchmesser nicht immer gleich bemessen werden können, weil das eine auf einer Hohlwelle sitzt und daher mit einer größeren Zähnezahl ausgeführt werden muß, als das andere auf der Vorgelegewelle, kann die Notwendigkeit eintreten, vom Wurzelwert als dem Optimum abzugehen.

Der Sprung 8 würde also nicht durch zwei gleiche Übersetzungen $2,8:1$ hergestellt, sondern nach der Formel des Abschn. 4.12 errechnet durch die Übersetzungen $z = 52:20$ und $z = 54:18$ oder $z = 53:20$ und $z = 55:18$. In gleicher Weise wären für den Sprung 16 etwa die Übersetzungen $2,8:1$ und $5,6:1$ zu verwenden. Selbstverständlich wird dadurch die Zähnezahlsumme beider Übersetzungen größer. Das Überschreiten der Grenzübersetzung $4:1$ ist an dieser Stelle unbedenklich.

Im Drehzahlbild können die rückwärtstreibenden Übersetzungen gestrichelt gezeichnet werden, um sie kenntlich zu machen und darauf hinzuweisen, daß bei diesen Trieben nach rückwärts die in der Legende stehenden Übersetzungs- und Zähnezahlverhältnisse nicht mehr sinnfällig sind.

Die optimalen Vorgelegegetriebe mit zwei $(1 + 1)$ Stufen sind in Abschn. 1, Abb. 1/5, mit drei $(1 \cdot 2 + 1)$ Stufen in Abb. 4.3/1 und ebenfalls drei (aber $2 \cdot 1 + 1$) Stufen in Abb. 4.3/2 und mit fünf $(2 \cdot 2 + 1)$ Stufen in Abb. 4.3/3, großer Sprung im ersten Teilgetriebe, und Abb. 4.3/4, großer Sprung im zweiten Teilgetriebe, gezeigt.

Unter Berücksichtigung der Grenzübersetzung $4:1$ läßt sich mit einem zweistufigen Vorgelegegetriebe (sogenanntes einfaches Vorgelege) der Sprung 16 durch zwei Übersetzungen $4:1$ mit vier Rädern erreichen (Abb. 1/5), mit einem dreistufigen der Stufensprung $\sqrt{16} = 4$ mit sechs Rädern (Abb. 4.3/1 u. 2) und mit einem fünfstufigen der Stufensprung

$\sqrt[4]{16} = 2$ mit acht Rädern (Abb. 4.3/3 u. 4). Die Bereichszahl bleibt bei allen unverändert 16. Sie wird durch die beiden größtmöglichen Übersetzungen 4 : 1 bestimmt, die aber selbstverständlich auch vergrößert werden könnten.

Bei dem dreistufigen Vorgelegegetriebe der Abb. 4.3/2 liegen die beiden großen Übersetzungen 4 : 1 nahe den Wellenlagern, in der Abb. 4.3/1 dagegen die eine auf der Mitte der Welle zwischen den Lagern. In der Abb. 4.3/5 ist gezeigt, wie durch Zugabe von zwei Radbreiten in der axialen Baulänge auch die am höchsten belastete zweite große Übersetzung an das Lager herangebracht werden kann.

Für die Verwendung von Vorgelegegetrieben in Verbindung mit Mehrwellengetrieben, mit Windungsgetrieben und mit polumschaltbaren Motoren werden in den späteren Abschnitten Beispiele gegeben.

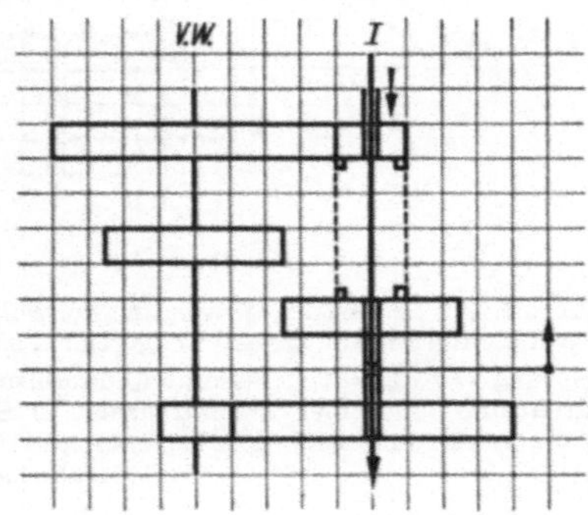

Abb. 4.3/5. Vorgelegegetriebe (nach Abb. 4.3/1), bei dem die am höchsten belastete große Übersetzung im zweiten Teilgetriebe durch Zugabe von zwei Radbreiten in der axialen Baulänge an das Wellenlager verlegt ist. Axiale Baulänge = 9 Radbreiten

4.4 Die Windungsgetriebe

Die Zweiachsigkeit der Windungsgetriebe bedingt wie bei den Vorgelegegetrieben, aus denen sie hervorgegangen sind (Abschn. 1), für die Übersetzungen die gleiche Zähnezahlsumme.

Da dafür die größte Übersetzung ins Langsame maßgebend ist und diese immer im größten Sprung liegt, wird das optimale Drehzahlbild auch wieder dann erreicht, wenn die beiden, den größten Sprung einschließenden Übersetzungen gleich groß sind, also dessen Wurzelwert entsprechen.

Sind die Grenzübersetzungen 1 : 2 und 4 : 1 einzuhalten und wird der Wurzelwert größer als 2, so ist die Übersetzung ins Schnelle auf 1 : 2 zu begrenzen und die Übersetzung ins Langsame entsprechend zu vergrößern, wie beispielsweise beim Sprung 8 mit $\sqrt{8} = 2,8$. Er kann dann nur durch die Übersetzungen 1 : 2 und 4 : 1 überbrückt werden (Abb. 1/6).

Eine der vorstehenden ähnliche Korrektur der Übersetzungen kann auch beim häufig vorkommenden größten Sprung 2,8, also den Übersetzungen $\sqrt{2,8} = 1,7$ (1 : 1,7 und 1,7 : 1) angezeigt sein (Abb. 4.4/1 b)· Mit ihnen sind, wenn von einer Normdrehzahl auszugehen ist, keine genormten Drehzahlen zu erreichen (Abschn. 3.1). Günstiger sind hier

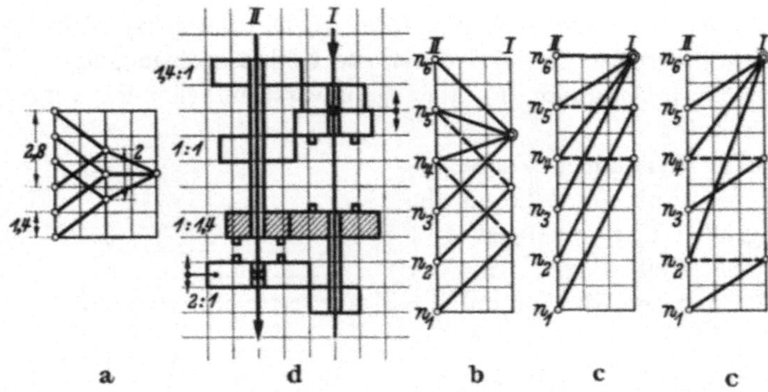

Abb. 4.4/1. Sechsstufiges Windungsgetriebe mit dem Stufensprung 1,4. Aufbauart 3 · 2. Größter Sprung im *zweiten* Teilgetriebe. a) Aufbaunetz. b) Übersetzungen für den größten Sprung $= \sqrt{2,8} = 1,7$. Gesamtzähnezahlsumme 10,8. Es ergeben sich damit keine Normdrehzahlen aus einer Normdrehzahl. c) Größte Übersetzung ins Schnelle 1 : 1. Gesamtzähnezahlsumme 15,2. d) Übersetzungen für den größten Sprung 1 : 1,4 und 2 : 1. Gesamtzähnezahlsumme 12

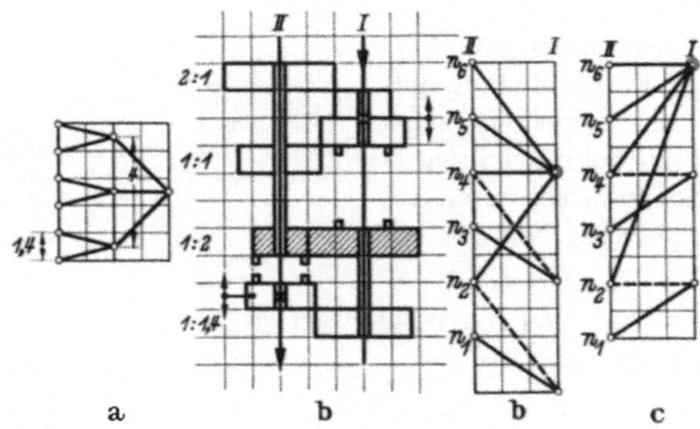

Abb. 4.4/2. Getriebe wie in Abb. 4.4/1, jedoch größter Sprung im *ersten* Teilgetriebe. a) Aufbaunetz. b) Übersetzungen für den größten Sprung $= \sqrt{4} = 2$. Gesamtzähnezahlsumme 12. c) Größte Übersetzung ins Schnelle 1 : 1. Gesamtzähnezahlsumme 20

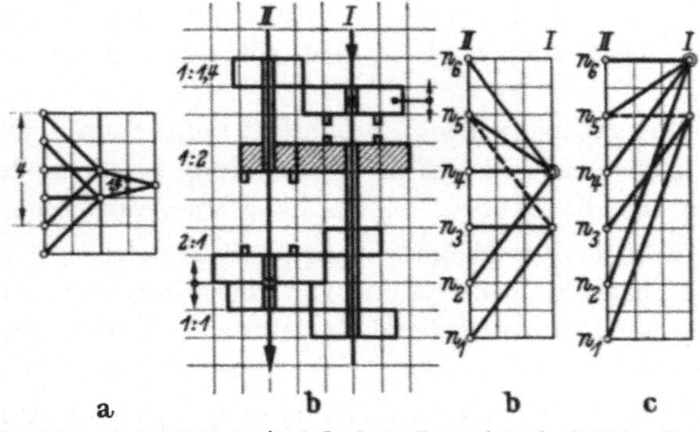

Abb. 4.4/3. Getriebe wie in Abb. 4.4/1, jedoch Aufbauart 2 · 3. Größter Sprung im *zweiten* Teilgetriebe. a) Aufbaunetz. b) Übersetzungen für den größten Sprung $= \sqrt{4} = 2$. Gesamtzähnezahlsumme 12. c) Größte Übersetzung ins Schnelle 1 : 1. Gesamtzähnezahlsumme 20

die beiden Übersetzungen 1 : 1,4 und 2 : 1 (Abb. 4.4/1 d), die eine vereinfachte Drehzahlkontrolle gestatten, bei einem sechsstufigen Windungsgetriebe als Beispiel allerdings eine um etwa 10 v. H. größere Gesamtzähnezahlsumme erfordern.

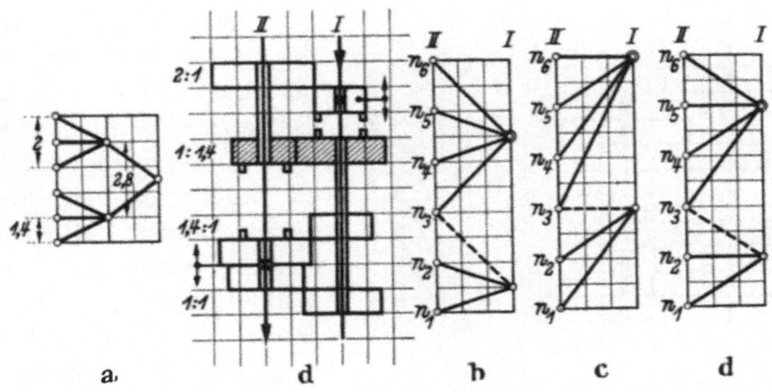

Abb. 4.4/4. Getriebe wie in Abb. 4.4/3. Größter Sprung im *ersten* Teilgetriebe. a) Aufbaunetz. b) Übersetzungen für den größten Sprung $= \sqrt{2,8} = 1,7$. Gesamtzähnezahlsumme 10,8. c) Größte Übersetzung ins Schnelle 1 : 1. Gesamtzähnezahlsumme 15,2. d) Übersetzungen für den größten Sprung 1 : 1,4 und 2 : 1. Gesamtzähnezahlsumme 12

Das Kleinstrad läßt sich, wenn es auf einer Hohlwelle sitzt, selbst bei Verwendung von Nadellagern kaum mit weniger als 20 Zähnen ausführen.

Beim Aufzeichnen des Drehzahlbildes ist zu beachten, daß jede Übersetzung eine Enddrehzahl im Vorwärtsgang erzeugt. Der Windungsgang, hier die Übersetzung, die der Kraftweg in beiden Richtungen durchläuft, wird durch die größte ins Schnelle treibende, mindestens aber eine Übersetzung 1 : 1 gebildet. Er ergibt im Vorwärtsgang die höchste Enddrehzahl, an die sich die der übrigen Übersetzungen der beiden Teilgetriebe anschließen.

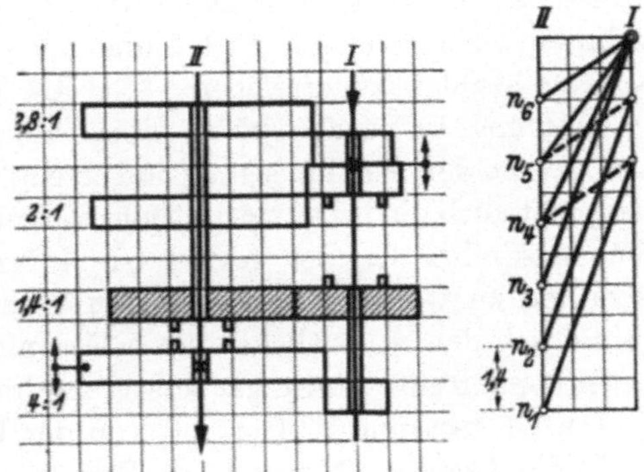

Abb. 4.4/5. Getriebe wie in Abb. 4.4/1, jedoch nur ins Langsame übersetzend. Gesamtzähnezahlsumme 20

Würde der Windungsgang vorwärts ins Langsame, rückwärts also ins Schnelle treiben, so müßten die übrigen Übersetzungen den dadurch verlorengehenden Teil an der Gesamtübersetzung ins Langsame übernehmen und größer werden (Abb. 4.4/5). Dies trifft auch zu, wenn nicht ins Schnelle, sondern höchstens 1 : 1 übersetzt werden soll oder wenn nicht eine — vorhandene — Übersetzung ins Schnelle in den Windungsgang gelegt wird, sondern eine — etwa ebenfalls vorhandene — Übersetzung 1 : 1 (Abb. 4.4/6).

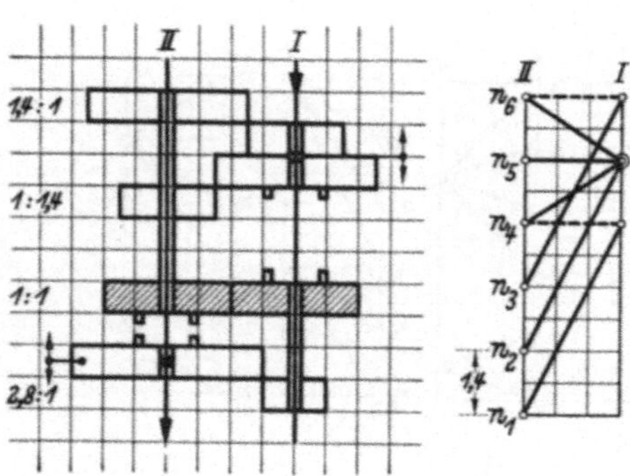

Abb. 4.4/6. Getriebe wie in Abb. 4/4.1d, jedoch nicht die Übersetzung 1 : 1,4, sondern 1 : 1 im Windungsgang liegend. Gesamtzähnezahlsumme 15,2 statt 12

Die Auswirkung der Regel 6 des Abschn. 3.1, wonach der kleinste Stufensprung und bei ungleicher Stufenzahl der Teilgetriebe die größere Stufenzahl in das erste Teilgetriebe zu legen ist, sei an der vergleichenden Gegenüberstellung eines sechsstufigen Windungsgetriebes mit dem Stufensprung 1,4 in den vier möglichen Aufbauarten, nämlich $3 \cdot 2$ und $2 \cdot 3$ mit dem großen Sprung jeweils im zweiten oder im ersten Teilgetriebe gezeigt (Abb. 4.4/1···4).

Beim Aufbau der vier Drehzahlbilder ist vom größten Sprung auszugehen. In Abb. 4.4/1 liegt er mit 2,8 im zweiten Teilgetriebe, wie dem zum besseren Verständnis beigefügten Aufbaunetz der üblichen Art zu entnehmen ist. Seinem Wurzelwert entsprechen die schon vordem erwähnten Übersetzungen 1 : 1,7 und 1,7 : 1 (Abb. 4.4/1b) oder — um Normdrehzahlen zu erreichen — 1 : 1,4 und 2 : 1 (Abb. 4.4/1d). Die Übersetzung 1 : 1,4 als größte Übersetzung ins Schnelle bildet in der Abb. 4.4/1d den Windungsgang und erzeugt die höchste Enddrehzahl n_6. Damit ist auch die Eingangsdrehzahl festgelegt. (Dem Unterschied in den Eingangsdrehzahlen der Abb. 4.4/1···4 braucht keine Bedeutung beigemessen zu werden, da die Windungsgetriebe meist nur einen Teil, wenngleich den wesentlichen eines Gesamtgetriebes ausmachen. In der Regel kommt eine Eingangsübersetzung hinzu.)

Die Übersetzung 2 : 1 ergibt, von der Eingangsdrehzahl ausgehend, die Enddrehzahl n_3 (Abb. 4.4/1d). Zwischen beiden liegen die vom ersten Teilgetriebe zu bildenden Drehzahlen n_4 und n_5, für die sich die Übersetzungen 1,4 : 1 und 1 : 1 ablesen lassen. Die Enddrehzahl n_5 des ersten Teilgetriebes erzeugt rückwärts über den Windungsgang und über die Übersetzung 2 : 1 des zweiten Teilgetriebes vorwärts die Enddrehzahl n_2. Auf demselben Weg wird aus n_4 die Drehzahl n_1 gebildet.

In der Abb. 4.4/2 der gleichen Aufbauart $3 \cdot 2$ liegt der große Sprung im ersten Teilgetriebe und hat den Wert 4. Er ist mit den beiden Übersetzungen $\sqrt{4} = 2$, also 1 : 2 und 2 : 1 zu überbrücken. Die dritte Übersetzung hat dann den Wert 1 : 1 (Abb. 4.4/2b). Damit sind die Enddrehzahlen n_6, n_4 und n_2 sowie die Eingangsdrehzahl gegeben. Die Drehzahl n_5 macht im zweiten Teilgetriebe die Übersetzung 1 : 1,4 erforderlich, wie dem Drehzahlbild zu entnehmen ist. Die größte Übersetzung ins Schnelle bildet wieder den Windungsgang, der zusammen mit der Übersetzung des zweiten Teilgetriebes aus den Drehzahlen des ersten Teilgetriebes die noch fehlenden beiden, n_3 aus n_4 und n_1 aus n_2, ergibt.

Die Drehzahlbilder der beiden anderen Aufbauarten 2 · 3 (Abb. 4.4/3 und 4.4/4) werden in sinngemäßer Weise gewonnen.

Die Gesamtzähnezahlsummen der Drehzahlbilder Abb. 4.4/1···4, jeweils b, wobei die den größten Sprung einschließenden Übersetzungen dessen Wurzelwert entsprechen, verhalten sich wie 10,8 : 12 : 12 : 10,8, wenn die größte Übersetzung ins Langsame als Maßstab für ihre Zähnezahlsumme (in Zahneinheiten) genommen wird.

Ist aber, wie in denselben Abbildungen, jeweils c, die größte Übersetzung ins Schnelle auf 1 : 1 beschränkt, so muß diese in allen Abbildungen im Windungsgang liegen. Sie bringt nun rückwärts keine Übersetzung ins Langsame, so daß die übrigen Übersetzungen den dadurch verlorenen Teil an der Gesamtübersetzung ins Langsame übernehmen müssen. Die Folge sind größere Gesamtzähnezahlsummen, die sich nunmehr wie 15,2 : 20 : 20 : 15,2 verhalten.

In den beiden Abb. 4.4/1d und 4.4/4d, in denen die ungünstigen Übersetzungen 1 : 1,7 und 1,7 : 1 durch 1 : 1,4 und 2 : 1 ersetzt wurden, wären die Gesamtzähnezahlsummen 12, da in ihnen die größten Übersetzungen 2 : 1 maßgebend sind.

In ähnlicher Weise ergibt sich im Beispiel der Abb. 4.4/6 beim gleichen Kleinstrad eine Erhöhung der Gesamtzähnezahlsumme, wenn von den beiden Übersetzungen 1 : 1,4 und 1 : 1 nicht wie in Abb. 4.4/1d die Übersetzung 1 : 1,4, sondern die Übersetzung 1 : 1 in den Windungsgang gelegt wird. Die Gesamtzähnezahlsumme erhöht sich gegenüber der Abb. 4.4/1d von 12 auf 15,2.

Wird überhaupt nur ins Langsame übersetzt, wie in Abb. 4.4/5, so ist gegenüber der Abb. 4.4/1d eine von 12 auf 20 erhöhte Zähnezahlsumme die Folge. Eine Eingangsübersetzung von 2 : 1 würde, um auf die gleiche Eingangsdrehzahl der Abb. 4.4/1d zu kommen, nur 3 Zahneinheiten kosten und die Gesamtzähnezahlsumme auf $12 + 3 = 15$ erhöhen.

Aus dieser vergleichenden Zusammenstellung folgt, daß die Regel 6 (Abschn. 3.1) hinsichtlich der *Stufen*verteilung auch für die Windungsgetriebe gilt. Bei der *Sprung*verteilung dagegen kann es angezeigt erscheinen, bei feiner Stufung von der Regel abzuweichen und den großen Sprung in das Teilgetriebe mit der größeren Stufenzahl zu legen, weil dann der Unterschied in den Zähnezahlen des Schieberadblockes

4*

größer wird, so daß er sich unbehindert verschieben läßt. Beim zweistufigen Teilgetriebe besteht diese Behinderung nicht, da dessen Schieberäder nur aus einem Zahneingriff heraus und in den anderen eingeschoben
zu werden brauchen.

Die Verschiebebehinderung des Räderblockes bei feiner Stufung läßt
sich aber auch durch Vergrößerung der axialen Baulänge um zwei Radbreiten nach Abb. 4.4/7 beheben oder durch eine entsprechende Erhöhung der Zähnezahlsumme der Übersetzungen (Abschn. 7.1).

Wird einem Windungsgetriebe ein *gleichachsiges* Vorgelegegetriebe
nachgeschaltet, so wäre es zwecklos, jenes auf die kleinste Gesamtzähnezahlsumme hin zu entwerfen, da die großen Übersetzungen des
Vorgelegegetriebes den gemeinsamen Achsenabstand bestimmen.

Eine Übersicht der kleinsten sechs-, acht- und neunstufigen Windungsgetriebe geben die Abb. 4.4/8···4.4/12. Das kleinste vierstufige mit
dem größtmöglichen Stufensprung 2,8 ist schon in der Abb. 1.6 wiedergegeben.

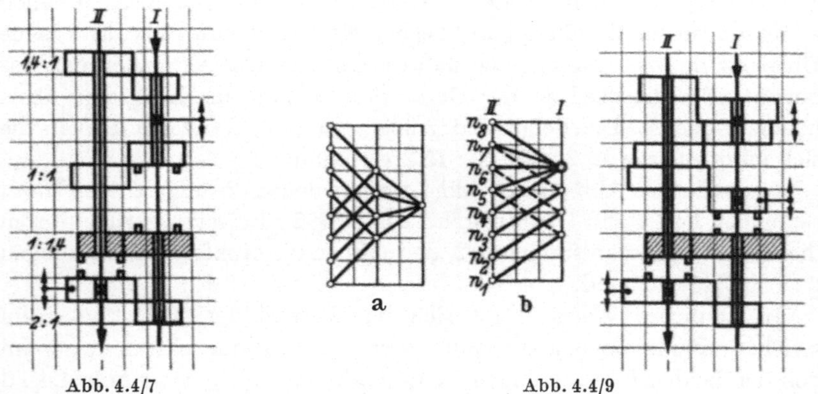

Abb. 4.4/7

Abb. 4.4/9

Abb. 4.4/7. Sechsstufiges Windungsgetriebe mit dem Stufensprung 1,4. Aufbauart 3 · 2.
Größter Sprung im zweiten Teilgetriebe wie in Abb. 4.4/1. Jedoch *lange* Bauart für feine
Stufung durch Hinzunahme von zwei Radbreiten, um das unbehinderte Verschieben des
Schieberadblockes im ersten Teilgetriebe zu gestatten. Axiale Baulänge > 12 Radbreiten

Abb. 4.4/9. Achtstufiges Windungsgetriebe der Aufbauart 4 · 2. a) Aufbaunetz. b) Drehzahlbild

Endstufensprung	1,25	1,4	1,6	2
Größter Sprung	2	2,8	4	8
Wurzelwert	1,4	1,7	2	(2,83)
Übersetzungen	1 : 1,4 1 : 1,12 1,12 : 1 1,4 : 1	1 : 1,7 1 : 1,18 1,18 : 1 1,7 : 1	1 : 2 1 : 1,25 1,25 : 1 2 : 1	1 : 2 1 : 1 2 : 1 4 : 1
Bereichszahl	3,15	5,6	10	31,5

Abb. 4.4/8. Zahlentafel der kleinsten sechsstufigen Windungsgetriebe der Aufbauart 3·2 mit
dem größten Sprung im zweiten Teilgetriebe und den Stufensprüngen 1,25 − 1,4 − 1,6 und 2

Endstufensprung	1,25	1,4	1,6
Größter Sprung	2,5	4	6,3
Wurzelwert	1,6	2	(2,5)
Übersetzungen	1 : 1,6	1 : 2	1 : 2
	1 : 1,25	1 : 1,4	1 : 1,25
	1 : 1	1 : 1	1,25 : 1
	1,25 : 1	1,4 : 1	2 : 1
	1,6 : 1	2 : 1	3,15 : 1
Bereichszahl	5	11,2	25

Abb. 4.4/10. Zahlentafel der kleinsten achtstufigen Windungsgetriebe nach Abb. 4.4/9 mit den Stufensprüngen 1,25 — 1,4 und 1,6

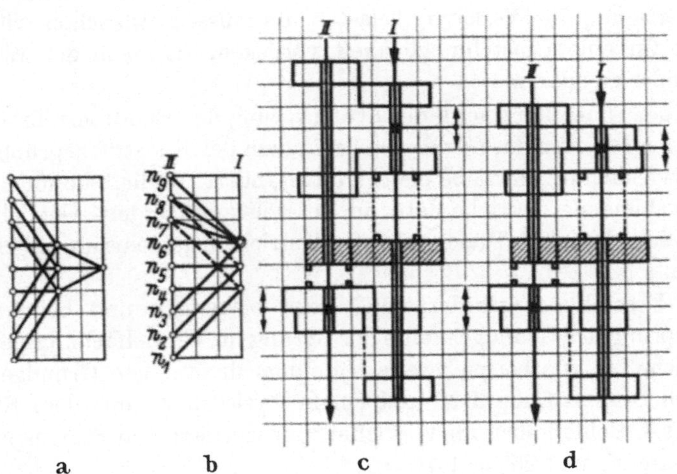

Abb. 4.4/11. Neunstufiges Windungsgetriebe. a) Aufbaunetz. b) Drehzahlbild. c) Lange Bauart für feine Stufung. d) Kurze Bauart für grobe Stufung

Endstufensprung	1,25	1,4
Größter Sprung	4	8
Wurzelwert	2	(2,8)
Übersetzungen	1 : 2	1 : 2
	1 : 1,6	1 : 1,4
	1 : 1,25	1 : 1
	1 : 1	1,4 : 1
	2 : 1	4 : 1
Bereichszahl	6,3	16

Abb. 4.4/12. Zahlentafel der kleinsten neunstufigen Windungsgetriebe mit den Stufensprüngen 1,25 und 1,4 nach Abb. 4.4/11

5 Getriebe für besondere Forderungen

5.1 Umstellmöglichkeit eines Stufenrädergetriebes auf Drehzahlreihen mit verschiedenen Stufensprüngen

In manchen Fällen erscheint es wünschenswert, ein Getriebe wahlweise für verschiedene Endstufensprünge einzurichten, beispielsweise weil es der Hersteller für verschiedene Zwecke verwenden will.

Die Frage der Zweckmäßigkeit sollte aber sorgfältig geprüft werden. Die Umstellung von neun auf sechs Stufen oder auch von achtzehn auf zwölf bringt nämlich trotz der erheblich verringerten Stufenzahl eine Ersparnis von nicht mehr als zwei Rädern. Die Zahl der Schalteinrichtungen bleibt aber die gleiche. In jedem Fall sind jedoch Änderungen an den Rädern und den Schalteinrichtungen notwendig, die als Einzelfertigung die Werkstatt belasten. Es müssen also schon triftigere Gründe für eine Umstellmöglichkeit vorliegen, als allein der Wunsch, zwei Räder zu sparen.

Bei der Umstellung muß der Stufensprung der Enddrehzahlreihe geändert werden, also das *Grundgetriebe*, in dem der Endstufensprung liegt. Die Vervielfachungsgetriebe bleiben unverändert. Deshalb kommen auch nur ungebundene Getriebe dafür in Betracht. Gebundene Getriebe, bei denen ein oder zwei Räder zwei Teilgetrieben gemeinsam angehören, scheiden aus.

Die Umstellung erfordert, daß beim bisherigen und beim neuen Stufensprung des Grundgetriebes der Sprung im Vervielfachungsgetriebe der gleiche ist, wie beispielsweise bei einem dreistufigen Grundgetriebe mit dem Stufensprung 1,25 und einem zweistufigen mit dem Stufensprung 1,4. Beide haben im Vervielfachungsgetriebe den Stufensprung 2 gemeinsam, denn $1{,}25^3 = 1{,}4^2 = 2$.

Deshalb können neunstufige Dreiwellengetriebe mit dem Stufensprung 1,25 und der Bereichszahl 6,3 in sechsstufige mit dem Stufensprung 1,4 und der Bereichszahl 5,6 umgestellt werden durch Umänderung des dreistufigen Grundgetriebes in ein zweistufiges (Abb. 5.1/1 a u. b).

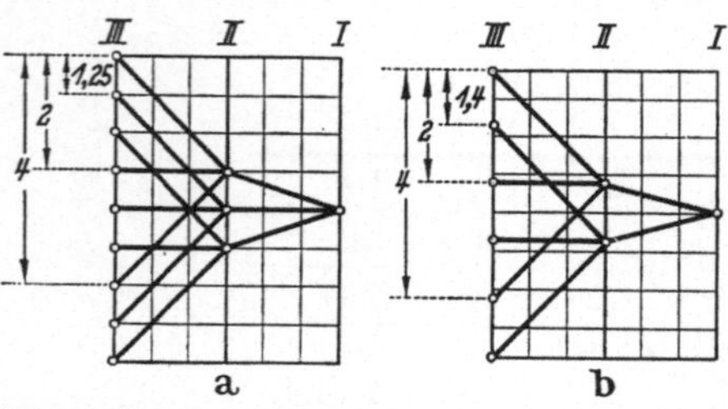

Abb. 5.1/1. Umstellmöglichkeit eines neunstufigen Dreiwellengetriebes mit dem Stufensprung 1,25 (a) auf ein sechsstufiges mit dem Stufensprung 1,4 (b)

Auch zwischen einem achtstufigen Getriebe mit dem Stufensprung 1,4 und der Bereichszahl 11,2, sowie einem sechsstufigen mit dem Stufensprung 1,6 und der Bereichszahl 10 und einem vierstufigen mit dem Stufensprung 2 und der Bereichszahl 8 besteht diese Umstellmöglichkeit.

In allen drei Fällen hat das Vervielfachungsgetriebe den Sprung 4 (Abb. 5.1/2a, b u. c).

Auch beim Sprung 8 in den Vervielfachungsgetrieben ist die Umstellmöglichkeit vom Stufensprung 1,25 auf 1,4 gegeben, wie in Abb. 5.1/1a und b. Beim Sprung 16 wiederum läßt sich der Stufensprung 1,25 auf 1,4 und 1,6 umstellen, wie in Abb. 5.1/2a, b und c.

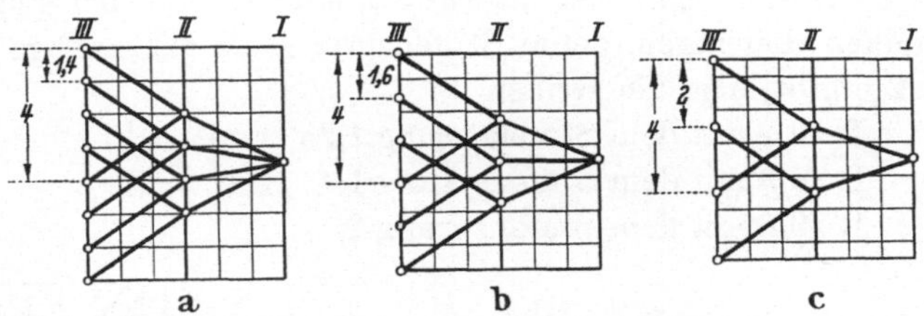

Abb. 5.1/2. Umstellmöglichkeit eines achtstufigen Dreiwellengetriebes mit dem Stufensprung 1,4 (a) auf ein sechsstufiges mit dem Stufensprung 1,6 (b) oder ein vierstufiges mit dem Stufensprung 2 (c)

Bedingung ist in jedem Fall, daß die der Stufenzahl entsprechenden Potenzen der Stufensprünge der Grundgetriebe gleich sind, also $1{,}25^3 = 1{,}4^2 = 2$ (Abb. 5.1/1) und $1{,}4^4 = 1{,}6^3 = 2^2 = 4$ (Abb. 5.1/2) und den gleichen Sprung des Vervielfachungsgetriebes ergeben.

5.2 Stufenrädergetriebe mit veränderlichen Antriebsdrehzahlen

Veränderliche Antriebsdrehzahlen ergeben sich aus dem Antrieb durch polumschaltbare Motoren oder durch stufenlos regelbare Getriebe. In beiden Fällen wird dem Stufenrädergetriebe ein entsprechendes

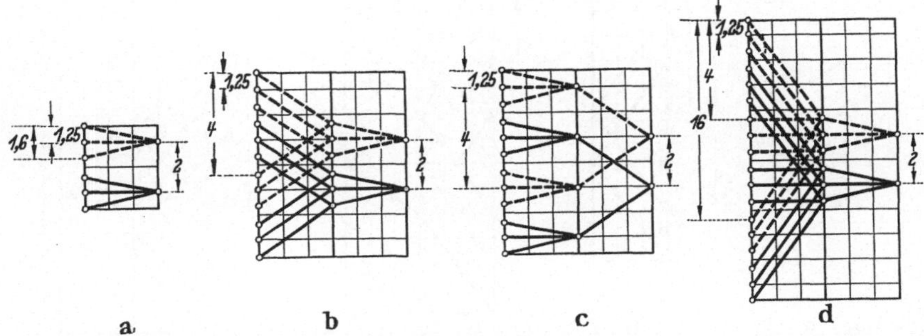

Abb. 5.2/1. Aufbaunetze für Getriebe mit dem Stufensprung 1,25. a) Sechsstufig mit der Bereichszahl 3,15. b) Zwölfstufig mit der Stufenverteilung 3 · 2 und der Bereichszahl 12,5. c) Dasselbe, jedoch mit der Stufenverteilung 2 · 3 und dem großen Sprung im ersten Teilgetriebe (ungünstigere Wellen- und Räderbelastung gegenüber b). d) Achtzehnstufig mit der Bereichszahl 50

Getriebe — Stufenmotor oder stufenlos regelbares Getriebe — vorgeschaltet, das somit die Stelle des ersten Teilgetriebes einnimmt und im Aufbaunetz und im Drehzahlbild als solches zu behandeln ist.

Der Antrieb mit einem polumschaltbaren Motor bringt aber Einschränkungen in der Getriebeauslegung mit sich, weil die Polzahl der Motoren nur bestimmte Drehzahlverhältnisse zuläßt. Infolgedessen sind nur Drehzahlreihen brauchbar, deren Stufensprünge mit dem Stufensprung des Motors in Einklang stehen oder zu bringen sind.

Für den gebräuchlichsten polumschaltbaren Motor mit dem Drehzahlverhältnis 1 : 2, d. h. dem Stufensprung 2, sind es von den genormten Drehzahlreihen diejenigen, deren Stufensprung als ganzzahlige Potenz den Wert 2 ergibt, also die Reihen

R 20/2 mit dem Stufensprung 1,25 $(1,25^3 = 2)$

R 20/3 mit dem Stufensprung 1,4 $(1,4^2 = 2)$

R 20/6 mit dem Stufensprung 2.

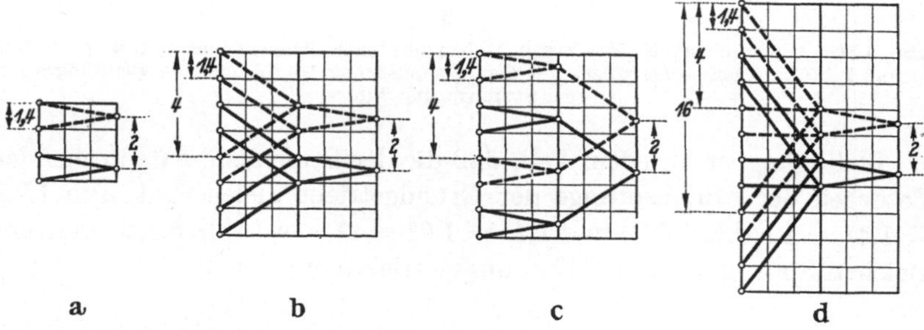

a   b   c   d

Abb. 5.2/2. Aufbaunetze für Getriebe mit dem Stufensprung 1,4. a) Vierstufig mit der Bereichszahl 2,8. b) Achtstufig mit der Bereichszahl 11,2. c) Parallele zu Abb. 5.2/1c. d) Zwölfstufig mit der Bereichszahl 45

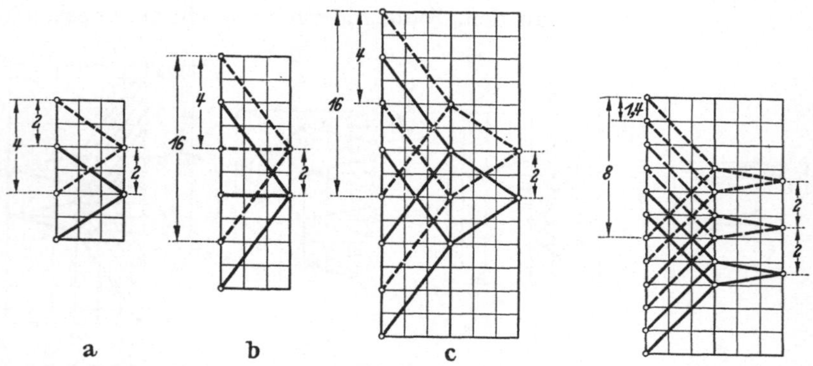

a   b   c

Abb. 5.2/3. Aufbaunetze für Getriebe mit dem Stufensprung 2. a) Vierstufig mit der Bereichszahl 8. b) Sechsstufig mit der Bereichszahl 31,5. c) Achtstufig mit der Bereichszahl 125

Abb. 5.2/4. Aufbaunetz eines zwölfstufigen Getriebes mit dem Stufensprung 1,4 in Verbindung mit einem dreistufigen Motor

Die Drehzahlreihe R 20/4 mit dem Stufensprung 1,6 ist für diesen Motor nicht brauchbar. Andererseits kommt für den dreifach polumschaltbaren Motor mit den Drehzahlen 750/1000/1500 nur die Drehzahlreihe

R 20/3 mit dem Stufensprung 1,4 in Betracht, von der aber keine reine Stufung verlangt werden kann.

Die Aufbaunetze der in Verbindung mit einem polumschaltbaren Motor 1 : 2 möglichen Getriebe zeigen die folgenden Abbildungen und zwar für den Stufensprung 1,25 je ein sechs-, zwölf- und achtzehnstufiges (Abb. 5.2/1), für den Stufensprung 1,4 je ein vier-, acht- und zwölfstufiges (Abb. 5.2/2), für den Stufensprung 2 je ein vier-, sechs- und achtstufiges (Abb. 5.2/3).

Schließlich ist in der Abb. 5.2/4 auch noch das Aufbaunetz eines zwölfstufigen Getriebes mit dem Stufensprung 1,4 in Verbindung mit einem dreistufigen Motor dargestellt.

In einigen dieser Getriebe kommt der Sprung 16 vor, der sich mit den Grenzübersetzungen 1 : 2 und 4 : 1 nicht überbrücken läßt. Die dafür notwendigen besonderen Maßnahmen s. Abschn. 3.2.

Beim Antrieb durch stufenlos regelbare Getriebe findet sich die Stufenzahl des Stufenrädergetriebes durch Teilen der Bereichszahl des Gesamtgetriebes durch die des stufenlosen Getriebes. Um eine etwa verlangte Überdeckung muß die Bereichszahl des stufenlosen Getriebes vorher gekürzt werden.

5.3 Schaltung der Räder während des Laufes

Zum Schalten der Räder während des Laufes durch elektrisch oder hydraulisch betätigte Reibungskupplungen, sinngemäß auch durch formschlüssige Kupplungen mit Synchronisiereinrichtungen, eignen sich alle Getriebe, die für die geforderte Stufenzahl eine Mindestzahl von Rädern und damit auch von Kupplungen benötigen.

Solche räderarme Getriebe sind die gebundenen, sowie die Vorgelege- und die Windungsgetriebe. Geeignet ist aber auch ein Getriebeaufbau aus zweistufigen Zweiwellengetrieben, wobei innerhalb eines Teilgetriebes nur zwei Kupplungen auf einer Welle notwendig werden. Gute Lösungen geben ferner einfach oder doppelt gebundene Dreiwellengetriebe mit nachgeschaltetem ein- oder mehrstufigem Vorgelegegetriebe. Ausschlaggebend bleibt immer die Zahl der Kupplungen auf einer Welle, damit deren freitragende Länge möglichst gering wird.

Im Gegensatz zu den formschlüssig auf ihren Wellen gleitenden Schieberädern laufen bei der Kupplungsschaltung die Räder lose auf den Wellen und müssen jedes für sich durch eine Kupplung kraftschlüssig mit ihnen verbunden werden. Diese Kupplungen benötigen viel Raum. Weiter hat die Lagerung der Räder auf Hohlwellen für die Kleinsträder erhöhte Zähnezahlen und damit auch für die Übersetzungen erhöhte Zähnezahlsummen und vergrößerte Achsenabstände, gelegentlich auch eine größere axiale Baulänge zur Folge. Deshalb kann es angezeigt sein, bei der Auflösung eines Sprunges in zwei Übersetzungen von dessen Wurzelwert, als dem Optimum, abzugehen, weil dann nur eines der beiden kleinen Räder als Kleinstrad ausgeführt zu werden braucht.

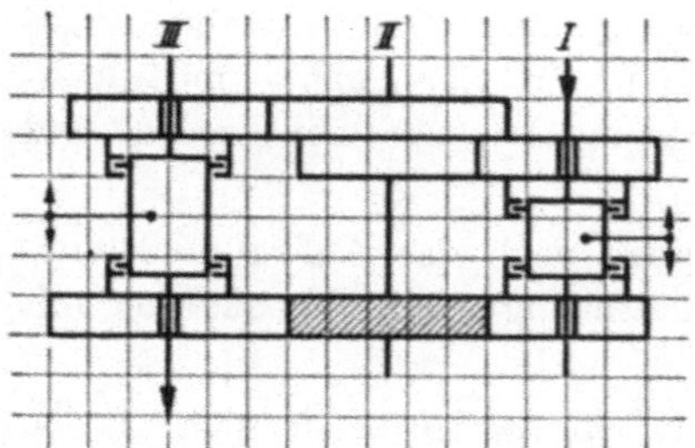

Abb. 5.3/1. Vierstufiges, einfach gebundenes Dreiwellengetriebe mit Kupplungsschaltung

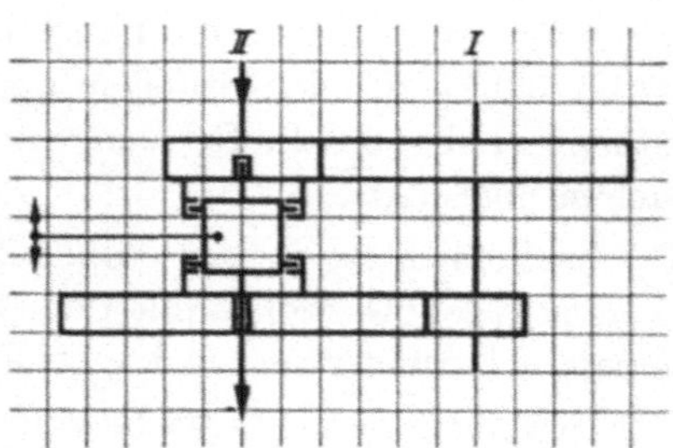

Abb. 5.3/2. Zweistufiges Vorgelegegetriebe mit Kupplungsschaltung

Wo Zwanglauf gefordert werden muß, wie z. B. beim Gewindeschneiden mit der Leitspindeldrehbank, sind Reibungskupplungen als Schaltkupplungen nicht am Platze, mindestens nicht bei den Vorgelegen für Steilgewinde.

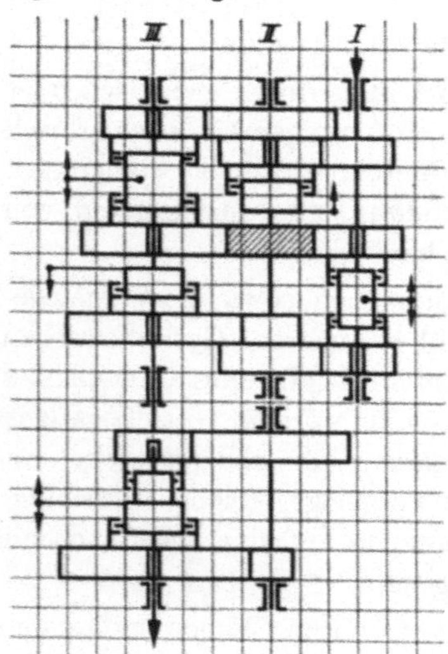

Abb. 5.3/3. Achtzehnstufiges Kupplungsgetriebe, bestehend aus einem neunstufigen einfach gebundenen Dreiwellengetriebe mit nachgeschaltetem zweistufigem Vorgelegegetriebe

Die grundsätzliche Anordnung der Kupplungen zeigen die Abb. 5.3/1 bis 5.3/3.

Das vierstufige, einfach gebundene Zweiwellengetriebe der Abb. 5.3/1 und das zweistufige Vorgelegegetriebe der Abb. 5.3/2 sind beide im achtzehnstufigen Getriebe der Abb. 5.3/3 enthalten, wobei das vierstufige Getriebe $(2 \cdot 2)$ zu einem neunstufigen $(3 \cdot 3)$ erweitert und das Vorgelegegetriebe nachgeschaltet ist.

Dieses Kupplungsgetriebe mag als Gegenstück zum Schieberadgetriebe der Abb. 8.3/1 gelten mit dem Unterschied, daß dort das Vorgelegegetriebe nicht gleichachsig mit dem Kerngetriebe ist.

Ein Vergleich der Abb. 5.3/1 und 5.3/3 macht ersichtlich, daß die Kupplungen auf unterschiedliche Weise, einzeln oder zu zweien zusammengefaßt, angeordnet werden können. Für jedes Räderpaar ist eine Kupplung nötig.

6 Beispiele für die Ermittlung der optimalen Getriebeform mit dem optimalen Drehzahlbild

Der Inhalt der vorhergehenden Abschnitte soll nunmehr an Beispielen seine praktische Nutzanwendung finden. Zuvor seien aber noch einmal kurz alle Forderungen an das optimale Getriebe zusammengefaßt, ebenso die Mittel und Wege, die zur Bestlösung führen.

Gedrängte Bauart: Mindestzahl von Rädern, Wellen, Lagerungen und Schaltstellen, also geringster Werkstoff- und Arbeitsaufwand und kleinstes Gewicht.

Sie wird erreicht durch Übersetzungen mit kleinster Zähnezahlsumme unter Ausnutzung der Kleinsträder (Abschn. 3.1), zweckmäßige Aufteilung der Gesamtstufenzahl auf die Teilgetriebe (Abschn. 3.1), Verlegen des kleineren Sprunges und — bei ungleicher Stufenzahl — der größeren Stufenzahl in das erste mehrstufige Teilgetriebe (Abschn. 3.1), Errechnen der Übersetzungen in Hinsicht auf die kleinste Gesamtzähnezahlsumme bzw. auf durchgehende Wellen (Abschn. 4.1), Verringern der Räderzahl durch einfache Bindung oder Verwendung doppelt gebundener Getriebe (Abschn. 4.2).

Als Vergleichsmaßstab können die Zahl der Räder, Wellen und Schaltstellen dienen, weiter die Summe der Achsenabstände und vornehmlich die Gesamtzähnezahlsumme, sowie bei der späteren Räderanordnung die in Zahnradbreiten ausgedrückte axiale Baulänge.

Leichtes Schalten: Die Schieberäder müssen sich beim Drehzahlwechsel leicht in Eingriff bringen lassen.

Je niedriger die Teilkreisgeschwindigkeit und deren Unterschied zwischen zwei, beim Schalten nacheinander in Eingriff kommenden Räderpaaren ist, ferner je kleiner die Räderschwungmassen sind, desto leichter ist diese Forderung zu erfüllen.

Kleine Räder (Abschn. 3.1) und größenmäßige Reihenfolge der Drehzahlen beim Schalten, nicht zuletzt Einhalten des richtigen Drehsinnes sind Mittel dazu. Eine Schalterleichterung bedeutet es auch, wenn zum Durchschalten der Drehzahlreihe von der niedrigsten bis zur höchsten Drehzahl wenige Doppel- oder Mehrfachschaltungen erforderlich sind (Abschn. 3.1).

Als Vergleichsmaßstab können die Unterschiede in der Teilkreisgeschwindigkeit der nacheinander in Eingriff kommenden Räderpaare, die Zahl der Schaltungen und Schaltstellen, sowie die Räderschwungmassen herangezogen werden.

Laufruhe: Die Getriebe müssen ruhig laufen. Ruhiger Lauf erfordert aber bei den gebräuchlichen hohen Drehzahlen erhöhte Ansprüche an den Zahnflankenschliff, an die Wälzlager u. a. m.

Gute Laufruhe wird durch eine geringe Zahl von Zahneingriffen, durch niedrige Drehzahlen und Teilkreisgeschwindigkeiten erreicht (Abschn. 3.1).

Einen Vergleichsmaßstab können die Teilkreisgeschwindigkeiten und die Zahl der Zahneingriffe abgeben.

An dieser Stelle ist weiterhin auch noch die schon früher gestreifte Frage: *Langsam- oder schnellaufende Getriebe* zu erörtern.

Zunächst erscheint es zweckmäßig, die Kerngetriebe mit höheren Drehzahlen laufen zu lassen, da das Drehmoment und damit die Umfangskräfte an den Rädern bei gleicher Antriebsleistung mit steigenden Drehzahlen fallen. Daraus ergeben sich für die Wellen, Räder und Lager geringere Belastungskräfte (siehe die Drehmomente im Drehzahlbild).

Für die Mehrzahl der Getriebe, die leichten und mittelschweren, bringt dies aber meist keinen wesentlichen oder gar ausschlaggebenden Vorteil, weil die Ersparnis an Werkstoff und Arbeitsaufwand mit mangelnder Laufruhe und vor allem mit erschwertem Schalten und damit verknüpfter Beschädigung der Räder erkauft werden muß. Die notwendige Verstärkung der Wellen und Räder wirkt sich demgegenüber nur in geringem Maße nachteilig aus.

Laufruhe, leichtes Schalten und Betriebssicherheit haben den Vorrang. So gesehen, ist es richtiger, das Kerngetriebe im Bereich verhältnismäßig niedriger Drehzahlen (das sind, um wenigstens einen Anhaltspunkt zu geben, bei den üblichen Räderdurchmessern solche unter $n = 1000$) laufen zu lassen, um niedrige Teilkreisgeschwindigkeiten zu erzielen.

Am Anfang jeder Aufgabe stehen meist mehr oder weniger scharf umrissene Wünsche und Forderungen hinsichtlich des Drehzahlbereiches, der Stufenzahl und des Stufensprunges der Drehzahlreihe des in Aussicht genommenen Getriebes, mitunter auch noch solche, die die Getriebeform betreffen. Diese sich bisweilen widersprechenden Forderungen sind zunächst unter Zuhilfenahme der DIN 804 möglichst einzuengen und zu einer Aufgabe zu formen, in der auch alle, den Rechnungsgang beeinflussenden Punkte enthalten sind, wie

Getriebeform (Zahl der Wellenachsen, Ausdehnung in der Länge oder der Breite).

Durchgehende Wellen oder kleinste Gesamtzähnezahlsumme.

Angenommene Durchmesser der Wellen in den einzelnen Teilgetrieben. Zähnezahlen der Kleinsträder.

Größe der zugelassenen Übersetzungen (Grenzübersetzungen).

Feste Eingangs- oder Ausgangsübersetzungen.

Für den Drehbankbau kommt noch hinzu, daß zwölfstufige Getriebe mit dem Sprung 1,4 vorteilhaft sind, weil mit $1,4^6 = 8$ die Umwandlung des Normalvorschubes in Steilvorschub möglich ist.

In der Aufgabenstellung für die nachfolgenden Beispiele ist nur das wesentliche enthalten und alles weggelassen, was auf die Lösung ohne Einfluß ist. So ist beispielsweise meist für alle Räder eines Getriebes ein einheitlicher Modul angenommen.

Die Lösungen halten sich auch dort, wo kleine Abweichungen bedeutungslos wären, an die Aufgabe, um nicht den Eindruck aufkommen zu lassen, als sei für die eine oder andere ein besonders günstiger Ausgangspunkt gewählt worden. Die Zähnezahlen der Kleinsträder liegen jeweils nahe der in der Praxis gegebenen unteren Grenze. Trotzdem bleiben die erreichten, mit dem Rechenschieber errechneten Enddrehzahlen alle innerhalb der für die Normdrehzahlen als Toleranz zugelassenen Grenzwerte. Damit soll vor Augen geführt werden, daß kleine Zähnezahlen und Zähnezahlsummen kein Hindernis für das Erreichen der Normdrehzahlen bilden, auch nicht unter erschwerenden Umständen, wenn beispielsweise bei einer Bindung an dem einen Teilgetriebe nichts geändert werden kann oder darf, beim anderen aber etwa die Eingangsdrehzahl festliegt.

Weiter ist auch der Forderung Rechnung getragen, nicht nur *eine* Möglichkeit einer Räderbindung zu prüfen, damit beim späteren Aufbau der Räderanordnung diejenige gewählt werden kann, bei der sich die Räder raumsparend ineinanderfügen lassen. (Für die meisten Lösungen sind im Abschn. 8 solche Räderanordnungen gezeigt.)

Die Beispiele geben ferner Gelegenheit, bei ein und derselben Aufgabe die verschiedenen, möglichen Getriebeformen miteinander zu vergleichen und sie auf ihre Vorteile für einen bestimmten Fall zu prüfen.

6.1

Als erstes sei das Beispiel des Abschn. 4.12, ein achtzehnstufiges Mehrwellengetriebe mit dem Stufensprung 1,25 und der Drehzahlreihe 35,5⋯1800 (Drehzahlbild Abb. 2/2) auf die gegebenen Bindungsmöglichkeiten untersucht.

Eine einfache Bindung, d. h. das Einsparen eines Rades, ist an zwei Stellen möglich, nämlich bei den Rädern $z = 51$ und 56 der Welle IV und bei den Rädern $z = 32$ und 38 V− der Welle III (Abb. 2/2).

6.11 Von den beiden Rädern $z = 51$ und 56 kann nur das zum dritten Teilgetriebe gehörige mit $z = 51$ eingespart werden, da das letzte Teilgetriebe schon die kleinstmögliche Zähnezahl hat und deshalb nicht geändert werden darf.

Die Rechnung wird also nach Abschn. 4.1 beim *dritten* Teilgetriebe beginnend wiederholt, und zwar mit der größten Übersetzung ins Langsame, die nunmehr mit $z = 56 : 16 = 3,55 : 1$ gegeben ist. Aus ihr und ihrer Zähnezahlsumme 72 finden sich durch Teilen durch den Teilgetriebesprung 2 die beiden anderen Übersetzungen $1,8 : 1$ mit $z = 46 : 26$ und $1 : 1,12$ mit $z = 34 : 38$ (Abb. 6.1/1a).

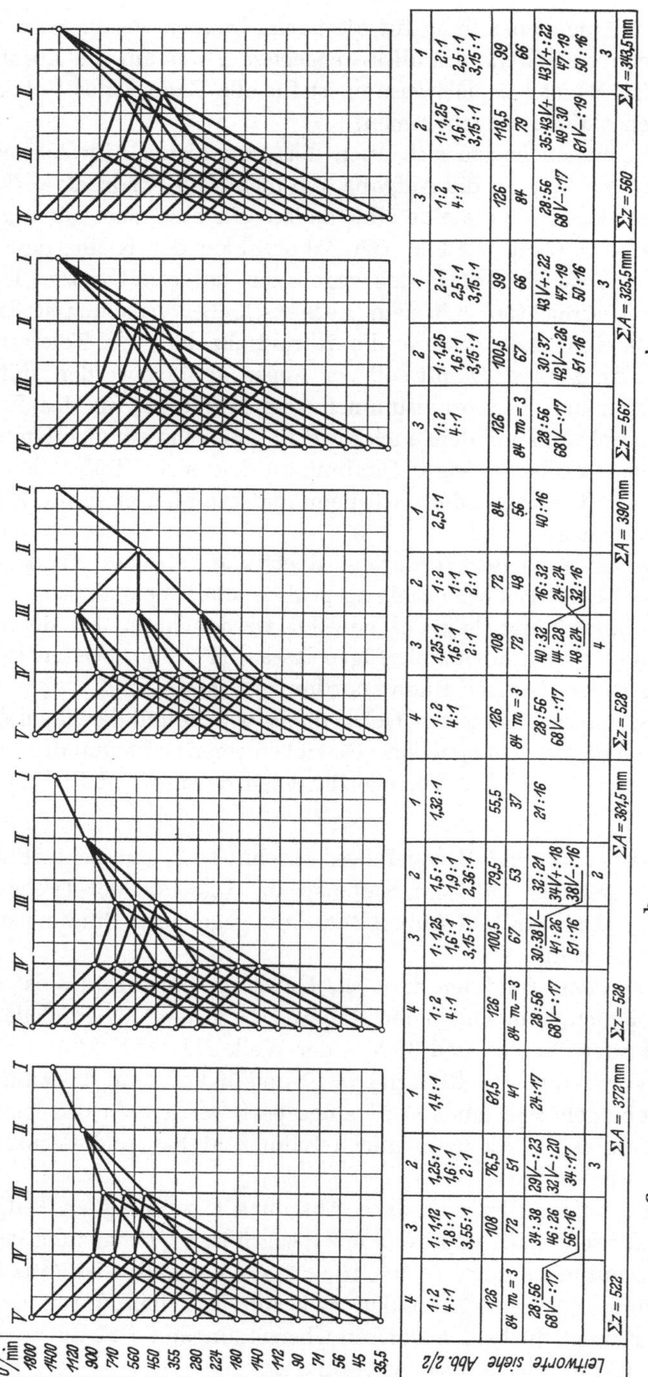

Abb. 6.1/1. Beispiel des Abschn. 4.12. a) Mit gebundenem Rad $z = 56$. b) Mit gebundenem Rad $z = 38\,V-$. c) Mit doppelt gebundenem Kerngetriebe. d) Ungebunden ohne Eingangsübersetzung. e) Einfach gebunden ohne Eingangsübersetzung

Im *zweiten* Teilgetriebe erfordert das größte Rad $z = 38$, Modul 3 auf der Welle III und der Durchmesser der Welle II von 25 mm einen Mindestachsenabstand von $\frac{(38+2)}{2} \cdot 3 + \frac{25}{2} + 1 = 73{,}5$ mm, dem eine Zähnezahlsumme der Übersetzungen von $\frac{2 \cdot 73{,}5}{3} = 49$ entspricht. Mit dem Kleinstrad $z = 16$ ergibt sich daraus die größte Übersetzung ins Langsame zu $z = 33 : 16$ oder besser $z = 34 : 17 = 2 : 1$ mit einer Zähnezahlsumme von 51 und einem Achsenabstand von 76,5 mm. Die beiden anderen Übersetzungen sind dann $1{,}6 : 1$ mit $z = 32\,\text{V}- : 20$ und $1{,}25 : 1$ mit $z = \text{V}-\ 29 : 23$.

Für die *feste* Eingangsübersetzung bleibt der Quotient (Teilwert) zwischen der Gesamtübersetzung ins Langsame von $1410 : 35{,}5 = 39{,}7 : 1$ und dem Produkt der größten Teilübersetzungen ins Langsame $(2 \cdot 3{,}55 \cdot 4) : 1 = 28{,}4 : 1$, also $\frac{39{,}7}{28{,}4} : 1 = 1{,}4 : 1$ mit $z = 24 : 17$.

Das Ergebnis ist das Drehzahlbild Abb. 6.1/1a. Die Gesamtzähnezahlsumme dieses einfach gebundenen Getriebes beträgt 522, die Summe der Achsenabstände 372 mm und die Zahl der Räder 17.

Die Räderanordnung zeigt Abb. 8.1/2.

6.12 In der gleichen Weise ist die Rechnung für die Bindung der beiden Räder $z = 32$ und $38\,\text{V}-$ durchzuführen. Hier muß das Rad $z = 38\,\text{V}-$ (Abb. 2/2) der Welle III unangetastet bleiben, weil das dritte Teilgetriebe schon die kleinstmögliche Zähnezahlsumme hat und deswegen das Rad mit $z = 38\,\text{V}-$ nicht auf $z = 32$ verringert werden kann.

Die anzustellende Rechnung ist der vorhergehenden gleich. Das Ergebnis ist im Drehzahlbild Abb. 6.1/1b verzeichnet mit einer Gesamtzähnezahlsumme von 528, einer Summe der Achsenabstände von 361,5 mm und einer Räderzahl von wiederum 17.

Die Räderanordnung zeigt Abb. 8.1/3.

6.13 Für eine doppelte Bindung kommt als kleinstes doppelt gebundenes Kerngetriebe dasjenige nach Abb. 4.2/7 in Betracht. Es wird im Drehzahlbild Abb. 6.1/1c unverändert an das bestehenbleibende vierte Teilgetriebe angebaut, so daß als feste Eingangsübersetzung der Wert $2{,}5 : 1$ mit $z = 40 : 16$ verbleibt.

Die Gesamtzähnezahlsumme dieses doppelt gebundenen Getriebes nach Abb. 6.1/1c beträgt 528, die Summe der Achsenabstände 390 mm und die Zahl der Räder 16.

Die Räderanordnung zeigt Abb. 8.1/4.

6.14 Obwohl die gestellte Aufgabe gelöst ist, scheint es reizvoll festzustellen, wie sich ein Verzicht auf die verlangte Eingangsübersetzung auswirken würde. Deshalb soll auch für die so abgeänderte Aufgabe ein Drehzahlbild entworfen werden.

Das letzte Teilgetriebe mit dem Sprung 8 bleibt — als nunmehr drittes — bestehen (Abb. 6.1/1d). Die Gesamtübersetzung des ersten und zweiten Teilgetriebes von $1410:140 = 10:1$ wird in die beiden Übersetzungen $\sqrt{10}:1 = 3,15:1$ aufgeteilt. Die übrigen Übersetzungen ergeben sich durch Teilen durch den Teilgetriebesprung.

Das Drehzahlbild dieses ungebundenen Getriebes nach Abb. 6.1/1d bestätigt das in Abschn. 3.1 über die günstige Auswirkung einer Eingangsübersetzung Gesagte.

6.15 Auch die im nächsten Drehzahlbild Abb. 6.1/1e für die beiden Räder $z = 37$ und $43\,V+$ in $z = 43\,V+$ durchgeführte Bindung vermag nichts daran zu ändern. Im Drehzahlbild Abb. 6.1/1d des ungebundenen Getriebes ist die Gesamtzähnezahlsumme 567, die Summe der Achsenabstände 325,5 mm und die Zahl der Räder 16, während sich für das einfach gebundene Getriebe des Drehzahlbildes Abb. 6.1/1e die entsprechenden Werte 560 und 343,5 mm und 15 ergeben.

Aus den sechs Drehzahlbildern Abb. 2/2 und Abb. 6.1/1a···e ergeben sich folgende Verhältnisse:

Gesamtzähnezahlsummen $\quad$ 554 : 522 : 528 $\;$: 528 : 567 $\;$: 560
Summen der Achsenabstände 360 : 372 : 361,5 : 390 : 325,5 : 343,5 mm
Zahl der Räder $\qquad\qquad$ 18 : 17 : 17 $\;$: 16 : 16 $\;$: 15

6.2

Zwölfstufiges Getriebe mit dem Drehzahlbereich 16—710 U/min und dem Stufensprung 1,4. Eingangsdrehzahl 710 U/min für Keilriemenantrieb. Die Grenzübersetzungen sind einzuhalten. Keine Drehzahl über 1000 U/min. Feste Kleinsträder $z = 18$ bzw. entsprechender Durchmesser, auf einer Hohlwelle $z = 20$. Prüfung der verschiedenen Aufbaumöglichkeiten.

Aufbaunetz Abb. 6.2/1 mit den Gesamtsprüngen 8, 2,8 und 2.

6.21 Vierwellengetriebe $3 \cdot 2 \cdot 2$.

Der Sprung 8 im *dritten* Teilgetriebe (Abb. 6.2/2a) wird durch die Übersetzungen $1:2$ und $4:1$ hergestellt. Für das erste und zweite Teilgetriebe bleibt als Gesamtübersetzung ins Langsame $710:16 \cdot 4 = 11,2:1$. Nach der in Abschn. 4.11 angegebenen Formel $\sqrt{11,2 \cdot 3 \cdot 2} = 8,2$ wird die größte Übersetzung im dreistufigen *ersten* Teilgetriebe $8,2:3 = 2,8:1$ und im *zweiten*, dem zweistufigen, $8,2:2 = 4:1$. Das erste Teilgetriebe ist also mit den Übersetzungen $1,4:1$, $2:1$ und $2,8:1$ das zweite mit $4:1$ und $4:2,8 = 1,4:1$ auszuführen.

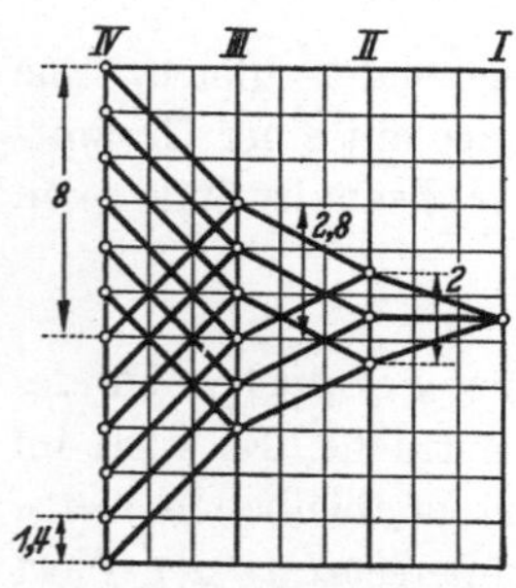

Abb. 6.2/1. Aufbaunetz des in der Aufgabe 6.2 verlangten zwölfstufigen Getriebes mit dem Stufensprung 1,4

Die entsprechenden Zähnezahlen sind im Drehzahlbild Abb. 6.2/2a für eine einfach gebundene Ausführung errechnet. Ergebnis: 4 Wellen, 13 Räder, Gesamtzähnezahlsumme 520 und Summe der Achsenabstände 369 mm.

6.22 Als nächstes soll geprüft werden, wie sich eine gebundene Zwischenübersetzung nach Abb. 1/4 bei dem verlangten Getriebe auswirkt.

Das *vierte* Teilgetriebe (Abb. 6.2/2b) mit dem Sprung 8 bleibt unverändert. Das *erste* Teilgetriebe wird am kleinsten nach Abschn. 3.1, Regel 3, mit den drei Übersetzungen 1 : 1,4, 1 : 1 und 1,4 : 1. Das *zweite* Teilgetriebe erhält, da die Drehzahl 1000 U/min nicht überschritten werden soll, die beiden Übersetzungen 1 : 1 und 2,8 : 1. Für die gebundene Übersetzung (*drittes* Teilgetriebe) bleibt noch der Wert 2,8 : 1.

Bei der Errechnung der Zähnezahlen kann beim ersten Teilgetriebe auf dasjenige des Drehzahlbildes Abb. 6.2/2a Rücksicht genommen werden insofern, als dort der Zähnezahlunterschied 4 beträgt, so daß sich der Schieberadsatz unbehindert verschieben läßt.

Deshalb wird für das *erste* Teilgetriebe nach Abschn. 7.1 die Zähnezahlsumme 46 bestimmt. Die Übersetzungen erhalten die Zähnezahlen 19 : 27, 23 : 23 und 27 : 19.

Für das *zweite* Teilgetriebe ergeben sich mit dem Kleinstrad $z = 18$ und der größten Übersetzung ins Langsame von 2,8 : 1 eine Zähnezahlsumme von 68 und daraus die Zähnezahlen 34 : 34 und 50 : 18.

Im *dritten* Teilgetriebe ist das große Rad auf der Welle IV mit dem Rad $z = 60$ des vierten Teilgetriebes gebunden. Es erhält ebenfalls die Zähnezahl 60 und sein Gegenrad die Zähnezahl 21.

Das aus dem Drehzahlbild Abb. 6.2/2b ersichtliche Ergebnis sind 5 Wellen, 1 Hohlwelle (Welle III) und 15 Räder mit einer Gesamtzähnezahlsumme von 475 und einer Summe der Achsenabstände von 427,5 mm.

Die Räderanordnung ist in Abb. 8.2/1 gezeigt.

6.23 Sechsstufiges Windungsgetriebe mit nachgeschaltetem zweistufigem Vorgelegegetriebe. Beide gleichachsig.

Im Vorgelegegetriebe ist der Sprung 8 mit zwei Übersetzungen von $\sqrt{8} : 1 = 2,8 : 1$ zu überbrücken. Sie ergeben im Drehzahlbild (Abb. 6.2/2c) die sechs unteren Enddrehzahlen.

Die vier Übersetzungen des Windungsgetriebes nach Abb. 4.4/1c sind nunmehr ohne Rechnung zu 1 : 1, 1,4 : 1, 2 : 1 und 2,8 : 1 ablesbar.

Wegen der geforderten Gleichachsigkeit müssen alle Übersetzungen die gleiche Zähnezahlsumme bekommen. Sie ergibt sich mit dem auf einer Hohlwelle sitzenden Kleinstrad $z = 20$ und der größten Übersetzung 2,8 : 1 zu 76.

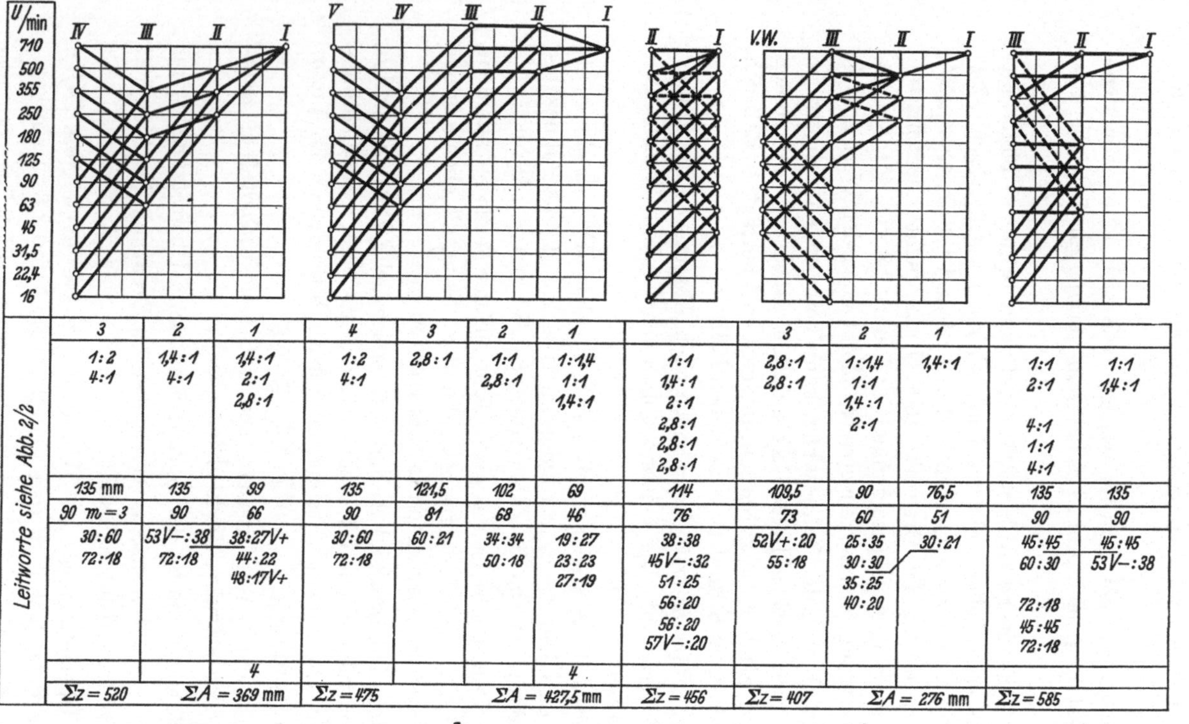

Leitworte siehe Abb. 2/2	a 3	a 2	a 1	b 4	b 3	b 2	b 1	c	d 3	d 2	d 1	e	e
i	1:2 4:1	1,4:1 4:1	1,4:1 2:1 2,8:1	1:2 4:1	2,8:1	1:1 2,8:1	1:1,4 1:1 1,4:1	1:1 1,4:1 2:1 2,8:1 2,8:1 2,8:1	2,8:1 2,8:1	1:1,4 1:1 1,4:1 2:1	1,4:1	1:1 2:1 4:1 1:1 4:1	1:1 1,4:1
d	135 mm	135	99	135	121,5	102	69	114	109,5	90	76,5	135	135
	90 m=3	90	66	90	81	68	46	76	73	60	51	90	90
z	30:60 72:18	53V−:38 72:18	38:27V+ 44:22 48:17V+	30:60 72:18	60:21	34:34 50:18	19:27 23:23 27:19	38:38 45V−:32 51:25 56:20 56:20 57V−:20	52V+:20 55:18	25:35 30:30 35:25 40:20	30:21	45:45 60:30 72:18 45:45 72:18	45:45 53V−:38
	Σz = 520		ΣA = 369 mm	Σz = 475			ΣA = 427,5 mm	Σz = 456	Σz = 407		ΣA = 276 mm	Σz = 585	

a   b   c   d   e

Abb. 6.2/2a. Drehzahlbild des einfach gebundenen Vierwellengetriebes 3 · 2 · 2

Abb. 6.2/2b. Drehzahlbild des Fünfwellengetriebes mit gebundener Zwischenübersetzung

Abb. 6.2/2c. Drehzahlbild des sechsstufigen Windungsgetriebes mit nachgeschaltetem zweistufigem Vorgelegegetriebe. Beide gleichachsig

Abb. 6.2/2d. Drehzahlbild des sechsstufigen Windungsgetriebes mit nachgeschaltetem zweistufigem Vorgelegegetriebe, beide nicht gleichachsig und mit gebundener Eingangsübersetzung

Abb. 6.2/2e. Vierstufiges, einfach gebundenes Dreiwellengetriebe mit nachgeschaltetem dreistufigem Vorgelegegetriebe, letzteres gleichachsig mit dem zweiten Teilgetriebe

Die Zähnezahlen der Übersetzungen sind dem Drehzahlbild Abb. 6.2/2c zu entnehmen.

Bei der Drehzahlkontrolle war die Vergrößerung einer Übersetzung im Vorgelegegetriebe um 1 Zahn ($z = 57$ V— : 20) notwendig, da die unteren sechs Enddrehzahlen ihre Grenzwerte nach oben überschritten hätten.

Das Ergebnis (Abb. 6.2/2c) sind 4 Wellen, 2 Hohlwellen und 12 Räder mit einer Gesamtzähnezahlsumme von 456.

Die Räderanordnung ist in Abb. 8.2/2 gezeigt.

Bemerkt sei noch, daß das Drehzahlbild der Abb. 6.2/2c die Zweiachsigkeit des Getriebes ohne weiteres sichtbar macht, während in der Abb. 6.2/2d die Vorgelegewelle des Vorgelegegetriebes seitwärts liegt. Bei *gleichachsigen* Getrieben dieser Art soll deshalb die Darstellungsweise der Abb. 6.2/2c bevorzugt werden.

6.24 Da bei dem Getriebe nach 6.23 wegen der verlangten Gleichachsigkeit des Vorgelegegetriebes mit dem Windungsgetriebe die Zähnezahlen aller sechs Übersetzungen durch die größte Übersetzung 2,8 : 1 = 56 : 20 im Windungsgetriebe bestimmt sind, soll versucht werden, sie durch Verzicht auf die Gleichachsigkeit zu verkleinern.

Zu Hilfe genommen wird eine gebundene Eingangsübersetzung, die nur ein Zahnrad, allerdings auch eine Welle mehr erfordert (Abb. 6.2/2d). Der Verzicht auf die Gleichachsigkeit gestattet, das *feste* Kleinstrad im Vorgelegegetriebe der Aufgabe entsprechend mit $z = 18$ auszuführen; die Zähne können notfalls auf die Vorgelegewelle aufgeschnitten werden. Das Antriebsrad vom Windungsgetriebe her wird aber — möglicherweise als Hohlwellenrad — die Zähnezahl 20 behalten müssen.

Das *Vorgelegegetriebe* behält grundsätzlich die Übersetzungen 2,8 : 1 und 2,8 : 1, die die geringste Zähnezahlsumme ergeben (Abb. 6.2/2d). Die Übersetzung mit dem festen Kleinstrad $z = 18$ erhält jedoch die Zähnezahlen 55 : 18, diejenige mit dem Kleinstrad $z = 20$ auf der Hohlwelle dagegen 52 V+ : 20. Für das *Windungsgetriebe* ergeben sich nach Abb. 4.4/1d die Übersetzungen 1 : 1,4, 1 : 1, 1,4 : 1 und 2 : 1 mit einer Zähnezahlsumme von 60, die durch das Kleinstrad $z = 20$ und die größte Übersetzung 2 : 1 gegeben ist. Die Zähnezahlen sind aus dem Drehzahlbild ersichtlich.

Die aus dem Drehzahlbild ablesbare *Eingangsübersetzung* 1,4 : 1 kann nicht mit dem größten Rad auf Welle II gebunden werden, da dieses im Windungsgang liegt. Für die Bindung kommt also nur das Rad $z = 30$ in Betracht. Die Eingangsübersetzung 1,4 : 1 erhält somit die Zähnezahlen 30 : 21.

Ergebnis: 5 Wellen, 2 Hohlwellen und 13 Räder mit der Gesamtzähnezahlsumme 407.

Die Räderanordnung zeigt Abb. 8.2/3.

6.25 Prüfung, wie sich ein vierstufiges, einfach gebundenes Dreiwellengetriebe mit einem nachgeschalteten dreistufigen Vorgelegegetriebe verhält. Letzteres soll gleichachsig mit dem zweiten Teilgetriebe des vierstufigen Dreiwellengetriebes sein (Abb. 6.2/2e).

Das *Vorgelegegetriebe* nach Abb. 4.3/1 erfordert die Übersetzungen 4:1, 1:1 und 4:1. Mit dem Kleinstrad $z = 18$ ergeben sich für sie die Zähnezahlen 72:18, 45:45 und 72:18. Ihre Zähnezahlsumme 90 gilt der Gleichachsigkeit wegen auch für das zweite Teilgetriebe.

Somit können für das *zweite* Teilgetriebe im Drehzahlbild die Übersetzungen 1:1 und 2:1 mit den Zähnezahlen 45:45 und 60:30 eingetragen werden. Das *erste* Teilgetriebe erhält die Übersetzungen 1:1 und 1,4:1 mit den Zähnezahlen 45:45 und 53 V− : 38, um das Rad $z = 45$ binden zu können.

Ergebnis des Drehzahlbildes Abb. 6.2/2e: 5 Wellen und 13 Räder mit der Gesamtzähnezahlsumme 585. (Mit einem Hohlwellenrad $z = 20$ würde das Ergebnis noch schlechter.)

Die Räderanordnung zeigt Abb. 8.2/4.

Vergleich der fünf Lösungen. Die unterschiedlichen Bauformen lassen die Summe der Achsenabstände als Kriterium nicht zu. Somit können vorläufig nur die Zahl der Wellen, der Hohlwellen und Räder sowie die Gesamtzähnezahlsumme verglichen werden. In den Räderanordnungen kommt noch die axiale Baulänge hinzu. Erst dann steht auch das Volumen als Maßstab zur Verfügung.

6.21: Wellen 4, Hohlwellen −, Räder 13, Gesamtzähnezahlsumme 520

6.22:	„	5	„	1	„	15	„	475
6.23:	„	4	„	2	„	12	„	456
6.24:	„	5	„	2	„	13	„	407
6.25:	„	5	„	−	„	13	„	585

6.3

Das Beispiel des Abschn. 4.12, ein 18-stufiges Mehrwellengetriebe mit dem Stufensprung 1,25, dem Drehzahlbereich 35,5⋯1800 U/min, also R 20/2 (35,5⋯1800) und dem Aufbaunetz Abb. 2./1 soll in eine solche Form gebracht werden, daß es in der Achsenrichtung und senkrecht dazu die optimale Größe erhält. Die Eingangsdrehzahl sei gleich der Motordrehzahl 1410 U/min; die Eingangsübersetzung fällt also weg. Die Wellendurchmesser sollen aber auf 35 mm erhöht werden und damit auch die Zähnezahlen der Kleinsträder auf $z = 26$, weil die Wellen wahrscheinlich recht lang werden (s. Abschn. 7.34).

Hier wäre nun zu prüfen, ob der Aufbau aus einem einfach gebundenen neunstufigen Dreiwellengetriebe mit nachgeschaltetem zweistufigem Vorgelegegetriebe eine bessere Lösung erwarten läßt, als die Drehzahlbilder Abb. 6.1/1a bis 6.1/1e des den Ausgangspunkt bildenden Getriebes.

Um den Schieberadblock des *ersten* Teilgetriebes Abb. 6.3/1 bei der zur Aufgabe gemachten kürzesten axialen Baulänge auf alle Fälle unbehindert verschieben zu können, wird nach Abschn. 7.1 für den vorliegenden Stufensprung 1,25 die Zähnezahlsumme 72 festgelegt. Mit dem Kleinstrad $z = 26$ wird also die größte Übersetzung ins Langsame $72 - 26 : 26 = 46 : 26 = 1,8 : 1$, die nächste $1,4 : 1$ mit den Zähnezahlen $42 : 30$ und die dritte $1,12 : 1$ mit den Zähnezahlen $38 : 34$. Da die Eingangsdrehzahl festliegt, kann das erste Teilgetriebe ins Drehzahlbild Abb. 6.3/1 eingetragen werden.

Damit sind aber auch die Übersetzungen des *zweiten* Teilgetriebes gegeben, da sie zusammen mit denen des ersten die neun oberen Enddrehzahlen von 280 bis 1800 U/min erzeugen. Die Gesamtübersetzung ins Langsame ist also $1410 : 280 = 5 : 1$. Bei der größten Übersetzung $1,8 : 1$ im ersten Teilgetriebe wird die des zweiten $5 : 1,8 = 2,8 : 1$ und die beiden anderen, entsprechend dem Stufensprung 2 des Aufbaunetzes (Abb. 2./1) $2,8 : 2 = 1,4 : 1$ und $1,4 : 2 = 1 : 1,4$.

Das große, auf der Mittelwelle II sitzende Rad dieser ins Schnelle treibenden Übersetzung darf nicht in die Welle I einschneiden (Abb. 8.3/1). Deshalb muß seine Zähnezahl entsprechend dem Achsenabstand von 108 mm im ersten Teilgetriebe und dem Wellendurchmesser von 35 mm auf $z = 58$ beschränkt werden $\left(\dfrac{58 + 2}{2} \cdot 3 + 17,5 + 0,5 = 108\right)$.

Damit bestimmt sich die Zähnezahlsumme der Übersetzungen des zweiten Teilgetriebes zu $58 + 58 : 1,4 = 58 + 42 = 100$ und die drei Übersetzungen erhalten die Zähnezahlen $42 : 58$, $59\,V- : 42$ und $73 : 26\,V+$. Auch das zweite Teilgetriebe kann nunmehr ins Drehzahlbild eingetragen werden und es zeigt sich, daß die in der Aufgabe verlangte Bindung bei den Rädern $z = 42$ ohne weiteres gegeben ist.

Im Vorgelegegetriebe mit dem Sprung 8 werden zwei Übersetzungen von $\sqrt{8} : 1 = 2,8 : 1$ benötigt. Deren Zähnezahlen sind $56 : 20$, wenn sie mit dem größeren Modul 4 ausgeführt werden. (Die Durchmesser eines

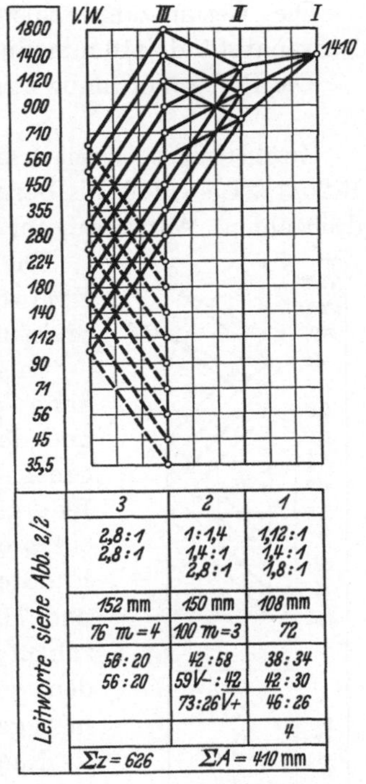

	3	2	1
V.W.	III	II	I
	2,8 : 1	1 : 1,4	1,12 : 1
	2,8 : 1	1,4 : 1	1,4 : 1
		2,8 : 1	1,8 : 1
	152 mm	150 mm	108 mm
	76 m = 4	100 m = 3	72
	56 : 20	42 : 58	38 : 34
	56 : 20	59 V− : 42	42 : 30
		73 : 26 V+	46 : 26
			4
	$\Sigma z = 626$	$\Sigma A = 410$ mm	

Leitworte siehe Abb. 2/2

Abb. 6.3/1. Drehzahlbild eines 18-stufigen Getriebes mit dem Stufensprung 1,25, bestehend aus einem neunstufigen, einfach gebundenen Dreiwellengetriebe mit nachgeschaltetem zweistufigem Vorgelegegetriebe

Kleinstrades mit $z = 26 \cdot 3 = 78$ mm und $z = 20 \cdot 4 = 80$ mm sind annähernd gleich.) Bei der Prüfung der Enddrehzahlen ergeben sich Abweichungen von den Grenzwerten von einigen Zehnteln nach oben, die unbedeutend sind und in den elektrischen Toleranzen untergehen.

Die Gesamtzähnezahlsumme beträgt 626 und die Summe der Achsenabstände 410 mm, die Zahl der Räder 15 und die Zahl der Wellen 5.

Die Räderanordnung zeigt die Abb. 8.3/1.

6.4

Zwölfstufiges, zweiachsiges Stufengetriebe mit der Drehzahlreihe R 20/3 (31,5···1400) als Beispiel für Abschn. 5.2 (veränderliche Antriebsdrehzahlen). Antriebsmotor zweistufig mit 1400 und 2800 U/min.

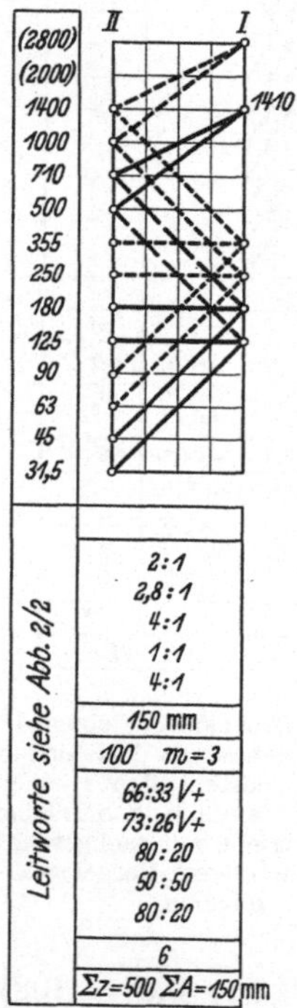

Abb. 6.4/1. Drehzahlbild eines zwölfstufigen, zweiachsigen Getriebes mit der Drehzahlreihe R 20/3 (31,5···1400) und Antrieb durch polumschaltbaren Motor 1400/2800 U/min

Die Zweiachsigkeit erfordert ein zweistufiges Zweiwellengetriebe mit einem nachgeschalteten dreistufigen Vorgelegegetriebe der Abb. 5.2/2d.

Im vorbereiteten Drehzahlbild der Abb. 6.4/1 kann das Vorgelegegetriebe mit dem Sprung 4 und dem Gesamtsprung 16, also den Übersetzungen 4:1, 1:1 und 4:1 vorweg eingetragen werden. Es ergibt auf der ersten Motorstufe (1400 U/min) entsprechend dem Drehzahlbild der Abb. 5.2/2d die Enddrehzahlen 31,5 und 45, 125 und 180 sowie 500 und 710. Die vier dazwischenliegenden Enddrehzahlen und die beiden nach oben sich anschließenden werden durch die zweite Motorstufe (2800 U/min) gewonnen.

Nachdem die Übersetzungen des Vorgelegegetriebes im Drehzahlbild eingetragen sind, lassen sich diejenigen des zweistufigen Zweiwellengetriebes zu 2:1 und 2,8:1 ablesen.

Da das Getriebe zweiachsig ist, wird die Zähnezahlsumme aller Übersetzungen durch die größte Übersetzung 4:1 des Vorgelegegetriebes bestimmt. Das Kleinstrad zum Antrieb des Vorgelegegetriebes muß auf einer Hohlwelle sitzen oder der Abtriebswelle die Möglichkeit einer Lagerung bieten (Abb. 1/5) und somit nach Abschn. 3.1 — als Anhalt gedacht — die Zähnezahl 20 erhalten. Die Zähnezahlsumme der Übersetzungen beträgt demnach 100 und die Zähnezahlen der drei Übersetzungen des Vorgelegegetriebes sind 80:20, 50:50 und 80:20.

Im zweistufigen Zweiwellengetriebe erhalten die beiden Übersetzungen 2:1 und 2,8:1 die Zähnezahlen 66:33 V+ bzw. 73:26 V+.

Die Räderanordnung dieses Getriebes zeigt Abb. 8.4/1.

Zweiter Teil

Bauliche Maßnahmen

7 Räderanordnungen (Räderabwicklungen)

7.1 Möglichkeiten der Anordnung von Schieberädern. Grobe und feine Stufung. Reihenfolge der Drehzahlen. Maßnahmen zur unbehinderten Verschiebung von Räderblöcken

Im einfachsten Fall eines zweistufigen Zweiwellengetriebes muß zum Drehzahlwechsel das im Eingriff befindliche Rad aus dem Eingriff gezogen und danach das andere in Eingriff gebracht werden (Abb. 7.1/1). Die beiden Räder auf der einen Welle sind dicht aneinandergerückt, während die Gegenräder einen Zwischenraum von zwei Radbreiten zwischen sich lassen, der nötig ist, um die Räder außer Eingriff bringen zu können.

Zum Verschieben kann der eine oder der andere Radsatz eingerichtet werden. Die Schieberäder können also auf der treibenden oder auf der getriebenen Welle sitzen. Zweckmäßig werden

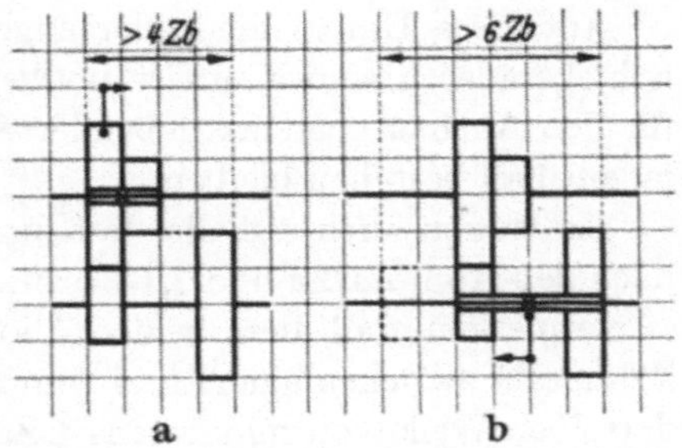

Abb. 7.1/1. Zweistufiges Zweiwellengetriebe mit enger und weiter Anordnung der Schieberäder. a) Eng. b) Weit

die leichteren Räder bzw. der leichtere Räderblock verschoben, weil in ihnen weniger Masse zu bewegen ist und weil sie, als die im Durchmesser meist kleineren, auch kürzere Schaltgabeln erfordern. Da die Mehrzahl der Getriebe ins Langsame übersetzt, die Räder auf der Antriebswelle also die kleineren sind, trägt gewöhnlich diese die Schieberäder. Bei Drei- und Mehrwellengetrieben wird allerdings die Wahl, welche der Wellen zu Schieberadwellen ausgebildet werden sollen, durch das Streben nach kürzester Baulänge bestimmt.

Werden die dicht aneinandergerückten Räder verschoben (Abb. 7.1/1a), so erfordert diese *enge Anordnung der Schieberäder* unter der Annahme gleicher Breite aller Räder beim Beispiel des zweistufigen Getriebes eine Baulänge von > 4 Zahnradbreiten (> 4 Zb). Der notwendige Spielraum zu beiden Seiten eines außer Eingriff befindlichen Schieberades einschließlich des zwischen den Rädern eines Blockes aus Gründen des Zähnestoßens u. a. notwendigen, wird bei der Rechnung mit Radbreiten zur Kennzeichnung der Baulänge durch das Zeichen $>$ zum Ausdruck gebracht.

In Umkehrung der Abb. 7.1/1a können aber auch die auseinandergerückten Räder verschoben werden, sofern dies notwendig sein sollte (Abb. 7.1/1b). Diese *weite Anordnung der Schieberäder* bedingt aber eine größere Baulänge, weil nunmehr die zum Freilauf erforderliche Lücke zwischen den beiden auseinandergerückten Rädern zum Verschieben nicht ausreicht und zusätzlicher Raum geschaffen werden muß. Es kommen 2 Radbreiten hinzu, so daß sich die Baulänge des zweistufigen Getriebes Abb. 7.1/1b auf $>$ 6 Zahnradbreiten ($>$ 6 Zb) erhöht.

Die dadurch bedingte größere Länge der Wellen tritt als weiterer Nachteil in Erscheinung. Sie bringt bei gleicher Biegebeanspruchung gegenüber der engen Anordnung der Schieberäder eine Vergrößerung der Wellendurchmesser, die ihrerseits wieder eine Vergrößerung des Kleinstrades und damit auch der Gesamtzähnezahlsumme zur Folge haben kann. Die enge Anordnung ist also zu bevorzugen.

Auf diese Unterschiede der engen und der weiten Anordnung der Schieberäder hinzuweisen ist notwendig, weil sie grundsätzlicher und für den Aufbau ausschlaggebender Art sind und deshalb immer und in jedem Fall bestehen bleiben.

Sie treffen auch auf die drei- und mehrstufigen Zweiwellengetriebe nach den Abb. 7.1/2a und 7.1/2b zu. Bei ihnen ist noch als Besonderheit zu vermerken, daß diese beiden Anordnungen einen Unterschied in der Zähnezahl zwischen einem und dem nächstkleineren oder -größeren Rad derselben Welle von mindestens 4 Zähnen bedingen, (wobei nötigenfalls

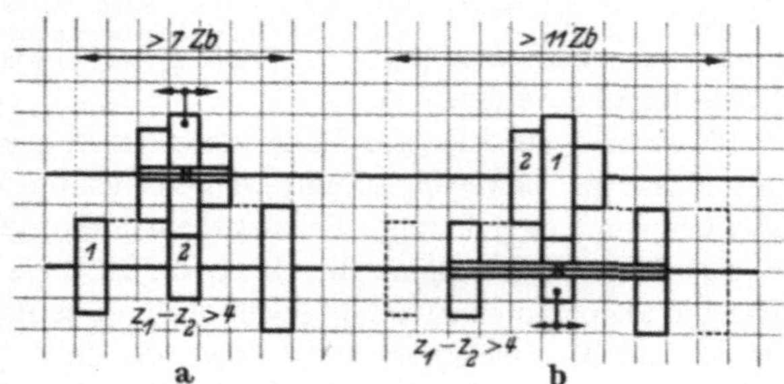

Abb. 7.1/2. Dreistufiges Zweiwellengetriebe mit enger und weiter Anordnung der Schieberäder. Zähnezahlunterschied zwischen dem kleinsten und dem nächstgrößeren Rad > 4. Vermischte Drehzahlfolge. Grobe Stufung. a) Eng. b) Weit

der Kopfkreis des störenden Rades im Durchmesser um 0,2 mm verkleinert werden kann) damit sich die Schieberäder an den festen Rädern vorbeibewegen lassen, ohne daß sich die Kopfkreise berühren. Sie sind also nur für eine *grobe Stufung der Drehzahlreihe* (s. Schluß des Abschn.) geeignet.

Diesen Nachteil beseitigt die Räderanordnung nach der Abb. 7.1/3a. Hier ist zwischen das kleinste Schieberad der Abb. 7.1/2a und die beiden anderen ein so großer Zwischenraum gelegt, daß nur die kleinsten

Räder beider Wellen aneinander vorbeizugehen brauchen. Der Unterschied in der Zähnezahl von mindestens 4 Zähnen muß nur noch zwischen dem größten und dem kleinsten Rad bestehen; zwischen den beiden anderen kann er weniger, beispielsweise nur 2 Zähne betragen. Diese Anordnung ist somit für eine *feine Stufung der Drehzahlreihe* geeignet. Sie erfordert jedoch eine größere Baulänge. Auch bei ihr ist wieder eine Umkehrung durch Vertauschen der festen und der Schieberäder möglich (Abb. 7.1/3 b).

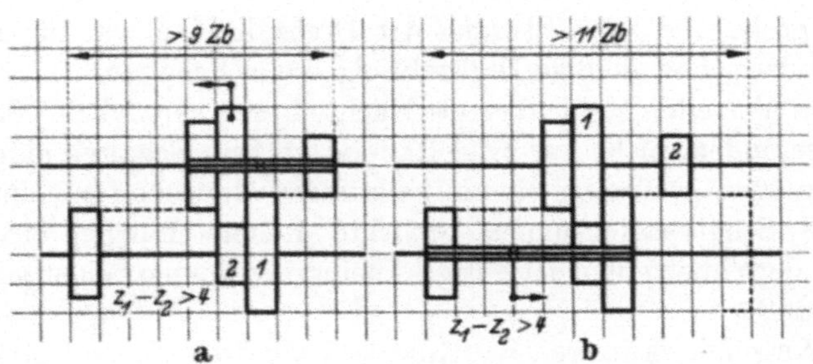

Abb. 7.1/3. Dreistufiges Zweiwellengetriebe mit enger und weiter Anordnung der Schieberäder. Zähnezahlunterschied zwischen dem kleinsten und dem größten Rad > 4. Vermischte Drehzahlfolge. Feine Stufung. a) Eng. b) Weit

Über weitere Möglichkeiten des unbehinderten Verschiebens von Schieberadblöcken, die aber den Gesamtaufbau des Getriebes betreffen, wird zum Schluß des Abschnittes zu sprechen sein.

Die bisher besprochenen Anordnungen ergeben beim Schalten keine größenmäßige, sondern eine *vermischte Drehzahlfolge.* Eine solche bringt aber den weiteren Nachteil größerer Unterschiede in den Teilkreisgeschwindigkeiten der nacheinander in Eingriff kommenden Räderpaare mit sich, die zu Schwierigkeiten beim Schalten führen können.

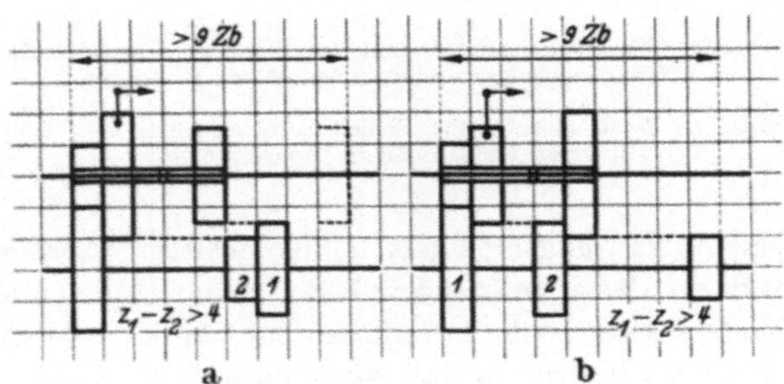

Abb. 7.1/4. a) und b) Dreistufiges Zweiwellengetriebe. Grobe Stufung. Größenmäßige Drehzahlfolge

Wird eine *größenmäßige Drehzahlfolge* beim Schalten verlangt, so müssen die Räder entsprechend umgestellt werden (Abb. 7.1/4a und b).

Neben der Gruppierung der Schieberäder innerhalb eines als Ganzes zu verschiebenden ungeteilten Blockes besteht aber bei den drei- und mehrstufigen Zweiwellengetrieben die Möglichkeit, den Schieberadblock zu teilen und die Schieberäder gruppenweise verschiebbar zu machen, um so an den Verschiebewegen zu sparen und die Baulänge zu kürzen. Dieser *geteilte Block* (Abb. 7.1/5) ergibt gleichzeitig den Vorteil, daß die Räderpaare beliebig aneinandergereiht werden können, weil der Zähnezahlunterschied ohne Einfluß ist, und daß infolge der Verkürzung der Wellen auch deren Biegemomente kleiner werden. Er eignet sich also für eine grobe und feine Stufung der Drehzahlreihe und für eine vermischte oder größenmäßige Drehzahlfolge beim Schalten.

Diesen Vorteilen steht aber als Nachteil eine verwickelte Schaltung gegenüber, indem nicht nur zwei Rädersätze zum Schalten eingerichtet werden müssen (wofür bei einem dreistufigen Getriebe fünf, durch zwei getrennte Schalteinrichtungen bewirkte Räderstellungen erforderlich sind), sondern auch ein gleichzeitiges Ineingriffkommen beider verhindert werden muß.

Der Vorteil der kürzeren Baulänge — beim dreistufigen Getriebe sind es $> 6\,Zb$ bei größenmäßiger Reihenfolge der Drehzahlen (Abb. 7.1/5), gegenüber $> 9\,Zb$ der ungeteilten Bauweise (Abb. 7.1/4) — kann immerhin zu einer gelegentlichen Bevorzugung dieser Bauart führen.

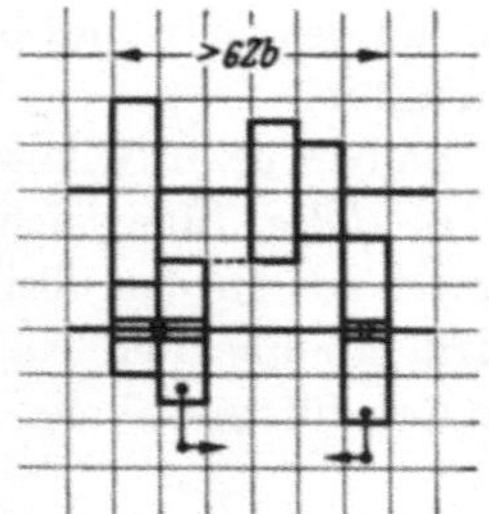

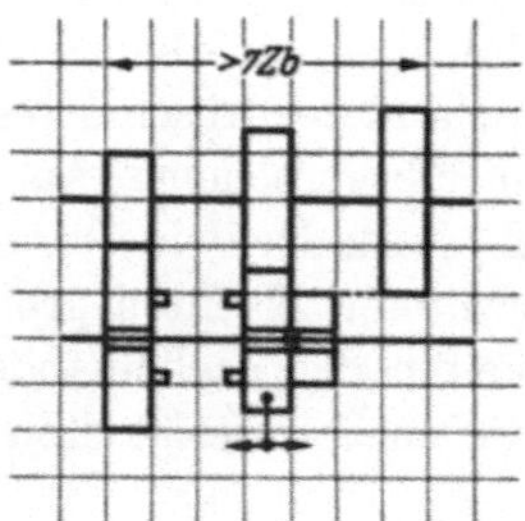

Abb. 7.1/5. Dreistufiges Zweiwellengetriebe mit geteiltem Schieberadblock. Grobe und feine Stufung. Vermischte und größenmäßige Drehzahlfolge

Abb. 7.1/6. Dreistufiges Zweiwellengetriebe. Schieberadblock geteilt mit Kupplung. Grobe Stufung. Größenmäßige Drehzahlfolge

Eine dritte Ausführungsmöglichkeit, der *Schieberadblock mit Kupplung*, besteht darin, das erste oder letzte Rad des im übrigen ungeteilten Schieberadblockes, oder beide, von diesem zu trennen und drehbar auf der Schiebewelle zu lagern, so daß sie dauernd im Eingriff mit ihren Gegenrädern bleiben und durch den Schieberadblock über eine Kupplung (etwa eine Innenzahnkupplung) mit der Schieberadwelle fest verbunden werden (Abb. 7.1/6). Auch hier kann die Schieberadwelle die treibende oder die getriebene sein, ohne daß die Verhältnisse geändert würden. In keinem Fall wird ins Schnelle zurückgetrieben; das lose Rad läuft immer in der gleichen Drehrichtung und mit der durch seine Übersetzung gegebenen Geschwindigkeit um.

Abgesehen von der Verkürzung der Baulänge hat diese Ausführung den großen Vorzug, daß sie eine Verminderung des die Schaltung erschwerenden Unterschiedes in der Umfangsgeschwindigkeit ermöglicht, indem die Kupplung auf einem kleineren Durchmesser wirksam ist. Dieser Umstand macht ihre Verwendung besonders bei den Vervielfachungsgetrieben mit großem Sprung, wo der beträchtliche Unterschied in der Umfangsgeschwindigkeit Schwierigkeiten beim Schalten verursacht, sehr beliebt. Kann das Schieberad selbst als Kupplungselement dienen, so ist das Mehr im Bauaufwand verhältnismäßig gering, jedenfalls in Anbetracht der erzielten Schalterleichterung und des Gewinnes an Baulänge. Bei senkrecht angeordneten Getrieben kommt schließlich noch die Gewichtserleichterung des Schieberadblockes hinzu.

Im Gegensatz zum geteilten Block sind beim Schieberadblock mit Kupplung nicht mehr Schaltstellungen und auch nicht mehr Schalteinrichtungen notwendig, als beim ungeteilten Block. Bei der Rechnung mit Zahnradbreiten zur Feststellung der Baulänge kann der für die Kupplung benötigte Raum als eine Radbreite gerechnet werden. Durch Versenken der Kupplung in das lose laufende Rad läßt er sich auch ganz sparen.

Neben den Gesichtspunkten der Gestaltung der Drehzahlreihe (grob- oder feinstufig, vermischte oder größenmäßige Reihenfolge der Drehzahlen) ist in der Regel auch noch der *Platz des Räderpaares für die Übertragung des größten Drehmomentes* zu beachten.

Da bei diesem Räderpaar die größten Umfangskräfte auftreten, sollte es, um kleine Wellendurchmesser zu erreichen, dicht bei den Lagern, nicht aber weit ab von ihnen angeordnet werden.

Damit sind die wesentlichsten Gesichtspunkte für den Aufbau der Zwei- und Dreiwellengetriebe gegeben. Da die weite Anordnung der Schieberäder für die Regel als unzweckmäßig außer Acht bleiben kann, verbleiben:

Vermischte oder größenmäßige Drehzahlfolge beim Schalten,
　grobe oder feine Stufung der Drehzahlreihe,
Schieberadblock ungeteilt, geteilt oder geteilt mit Kupplung.

In dem Maße, wie es gelingt, bei der Verwirklichung aller Wünsche und Forderungen eine kurze Baulänge zu erzielen, vermindert sich die Länge der Wellen. Damit werden auch ihre Durchmesser kleiner und in Abhängigkeit davon die Durchmesser der Kleinsträder, die ihrerseits wiederum die Gesamtzähnezahlsumme des ganzen Getriebes maßgebend beeinflussen.

In den folgenden beiden Abschnitten ist aus der Zahl der vielen möglichen Ausführungen von Zwei- und Dreiwellengetrieben für die obigen drei Gesichtspunkte je eine optimale Ausführung gezeigt. Die Übersetzung geht, wie dies meist gefordert wird, im Mittel ins Langsame.

Hier sei nun auch noch auf die Begriffe *grobe und feine Stufung* und ihre Auswirkung auf die Räderverschiebung eingegangen.

Je kleiner der Stufensprung, je feiner also die Stufung, desto geringer ist der Zähnezahlunterschied zwischen den Rädern zweier größenmäßig aufeinanderfolgender Übersetzungen.

Der Unterschied hängt aber nicht allein von der Stufung ab, sondern auch von den *Größenverhältnissen der Räder*. Mit der Zunahme der Zähnezahlsumme der Übersetzungsräder eines Teilgetriebes wächst auch deren Durchmesser und um so eher läßt sich ein Unterschied von 4 Zähnen erreichen.

Die Gefahr, daß der Zähnezahlunterschied weniger als 4 Zähne beträgt, besteht mindestens schon beim dreistufigen Zweiwellengetriebe mit dem Stufensprung 1,25 (Abb. 7.1/2). Auch ein Zweierblock kann als davon betroffen bezeichnet werden, weil bei einem vierstufigen Dreiwellengetriebe auch das zweite Teilgetriebe noch feingestuft sein kann und sein Schieberadsatz sich über die festen Räder des ersten Teilgetriebes hinwegschieben lassen muß (Abb. 7.3/1 b).

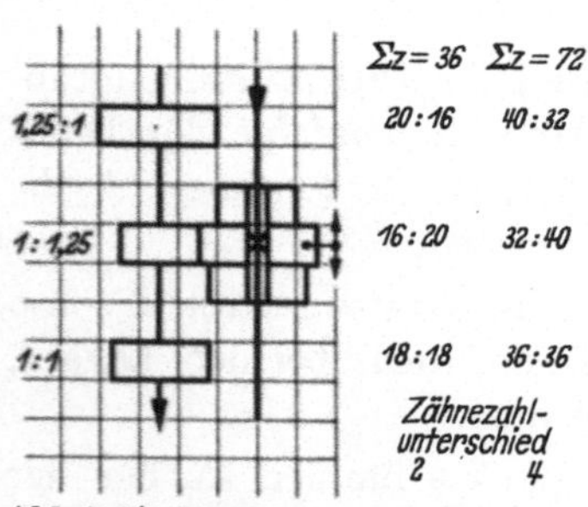

Abb. 7.1/7. Beseitigung der Verschiebebehinderung eines Dreierblockes durch Erhöhen der Zähnezahlen der Übersetzungen

Beim Beispiel eines dreistufigen Zweiwellengetriebes mit dem Stufensprung 1,25 und einem Kleinstrad mit 16 Zähnen (Abb. 7.1/7) ergeben sich die drei Übersetzungen 1 : 1,25, 1 : 1 und 1,25 : 1 mit den Zahnradpaarungen 16 : 20, 18 : 18 und 20 : 16. Bei der Zähnezahlsumme 36 dieser Übersetzungen besteht also zwischen einem Rad und seinem nächstgrößeren oder -kleineren ein Unterschied von nur 2 Zähnen, so daß sich der Block in der gezeichneten Anordnung nicht verschieben läßt. Wird jedoch die Zähnezahlsumme verdoppelt, so verdoppelt sich auch der Unterschied. Die Zahnradpaarungen sind jetzt 32:40, 36:36 und 40:32. Der Unterschied beträgt nunmehr 4 Zähne.

Die Verschiebebehinderung eines Räderblockes kann also ohne die erwähnten baulichen Maßnahmen auch durch eine *Vergrößerung der Zähnezahlsumme* der Übersetzungen beseitigt werden. Sie muß bei den beiden häufigsten Stufensprüngen 1,25 und 1,4, die einer feinen Stufung zuzurechnen sind, 72 bzw. 46···48 betragen. Damit wird eine für grobe Stufung geeignete Räderanordnung auch für feine Stufung brauchbar.

Für einen Dreierblock, beispielsweise in einem neunstufigen Dreiwellengetriebe, sind die besondere Anordnung der Räder und das eben erwähnte Vergrößern der Zähnezahlsumme der Übersetzungen die beiden einzigen Abhilfemöglichkeiten.

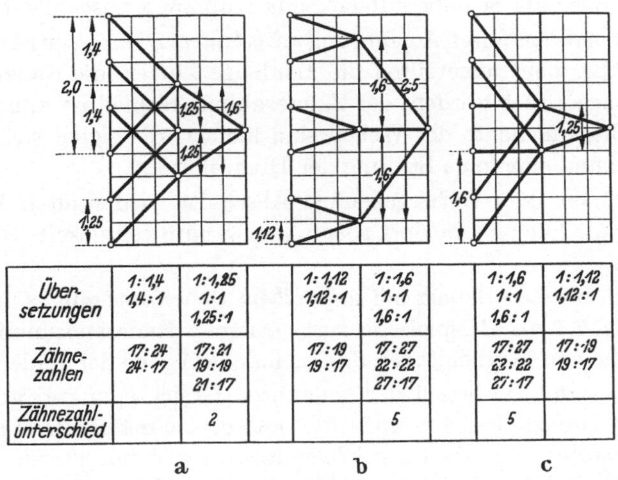

	a			b			c	
Übersetzungen	1:1,4 1,4:1	1:1,25 1:1 1,25:1		1:1,12 1,12:1	1:1,6 1:1 1,6:1		1:1,6 1:1 1,6:1	1:1,12 1,12:1
Zähnezahlen	17:24 24:17	17:21 19:19 21:17		17:19 19:17	17:27 22:22 27:17		17:27 22:22 27:17	17:19 19:17
Zähnezahlunterschied		2			5			5	

a   b   c

Abb. 7.1/8. Beseitigung der Verschiebebehinderung eines Dreierblockes in einem sechsstufigen Dreiwellengetriebe mit dem Aufbau. a) 3 · 2. Kleiner Sprung im dreistufigen Teilgetriebe. Zähnezahlunterschied 2. b) 3 · 2. Großer Sprung im dreistufigen Teilgetriebe. Zähnezahlunterschied 5. c) 2 · 3. Großer Sprung im dreistufigen Teilgetriebe. Zähnezahlunterschied 5

Bei Getrieben mit ungleicher Stufenverteilung in den Teilgetrieben, also den sechsstufigen, läßt sich dagegen eine Behinderung beim Verschieben des Dreierblockes auch durch *Vertauschen der Sprünge in den Teilgetrieben* ausschalten, indem entgegen der Regel bei der Stufenverteilung 3 · 2 der Endstufensprung nicht in das dreistufige Teilgetriebe gelegt wird, wie in Abb. 7.1/8a, sondern in das zweistufige wie in Abb. 7.1/8b, so daß also das dreistufige Teilgetriebe, auf das es ankommt, den größeren Stufensprung und damit den größeren Zähnezahlunterschied erhält. Das gleiche Ergebnis ist auch durch die Stufenverteilung 2 · 3, wiederum mit dem großen Stufensprung im dreistufigen zu erreichen (Abb. 7.1/8c).

7.2 Optimale Räderanordnungen der Zweiwellengetriebe

7.21 Zweistufige Zweiwellengetriebe. Zweistufige Schieberadgetriebe lassen nur die in der Abb. 7.1/1 des vorhergehenden Abschnittes gezeigte enge und ihre Umkehrung, die weite Anordnung der Schieberäder zu.

Letztere ist aus den schon dargelegten Gründen zu vermeiden. Die größenmäßige Drehzahlfolge ist immer gegeben. Ein bestimmter Zähnezahlunterschied braucht nicht eingehalten zu werden.

7.22 Dreistufige Zweiwellengetriebe. Für das dreistufige Getriebe sind drei verschiedene Zusammenfassungen der Schieberäder gegeben, indem sie in einen Zweierblock und ein einzelnes Schieberad unterteilt (geteilter Schieberadblock) oder als ganzer Satz verschoben (ungeteilter Schieberadblock) oder als Schieberadblock mit Kupplung ausgebildet werden.

Bei der erstgenannten Ausführung *mit geteiltem Dreierblock* (Abb. 7.1/5) ist gegenüber dem ungeteilten die Baulänge kürzer, die Räder können beliebig angeordnet werden, der Zähnezahlunterschied ist ohne Einfluß und die Biegemomente der Wellen sind kleiner. Sie eignet sich also für eine grobe und eine feine Stufung der Drehzahlreihe.

Diesen, aus dem vorhergehenden Abschnitt wiederholten Vorteilen steht aber als Nachteil die dort ebenfalls erwähnte verwickelte Schaltung gegenüber.

Von der zweiten Bauart mit *ungeteiltem Dreierblock* gibt es neben den im Abschn. 7.1 als Beispiele herausgegriffenen Räderanordnungen eine lange Reihe von Möglichkeiten des Ineinanderfügens der Räder.

Zwar kommt für jeden der genannten Gesichtspunkte: grob- oder feinstufige Drehzahlreihe, vermischte oder größenmäßige Drehzahlfolge, stark belastetes Rad dicht am Wellenlager, meist nur je eine optimale Ausführung in Betracht, doch schien es angebracht, mit den Abb. 7.2/1 bis 7.2/15 wenigstens für eines der grundlegenden Getriebe einmal eine größere Zahl von möglichen und brauchbaren Ausführungen vor Augen zu führen. Sie entwickeln sich eine aus der anderen. So stellen z. B. die Abb. 17.2/6 und 17.2/9 ein Zwischenstadium auf dem Wege zu Abb. 17.2/ 15 dar. Weitere Zwischenstadien sind möglich, aber nicht gezeigt.

Von den dargestellten 15 Ausführungen weisen folgende die geringste Baulänge auf:

Vermischte Drehzahlfolge
grobstufige Drehzahlreihen Abb. 7.2/15 mit > 7 Radbreiten
feinstufige Drehzahlreihen Abb. 7.2/6 und 7.2/14 mit > 9 Radbreiten
Größenmäßige Drehzahlfolge
grobstufige Drehzahlreihen Abb. 7.2/7 und 7.2/12 mit > 9 Radbreiten
feinstufige Drehzahlreihen Abb. 7.2/1 und 7.2/8 mit > 11 Radbreiten.

Die dritte Bauart, den *Schieberadblock mit Kupplung*, gibt Abb. 7.1/6 wieder.

7.23 Vierstufige Zweiwellengetriebe. Wie beim dreistufigen Zweiwellengetriebe sind auch beim vierstufigen die drei verschiedenen Schieberadanordnungen gegeben, indem die Schieberäder

in zwei Zweierblöcke unterteilt (geteilter Viererblock) oder
als ganzer Block verschoben oder
als Schieberadblock mit Kupplung ausgebildet werden.

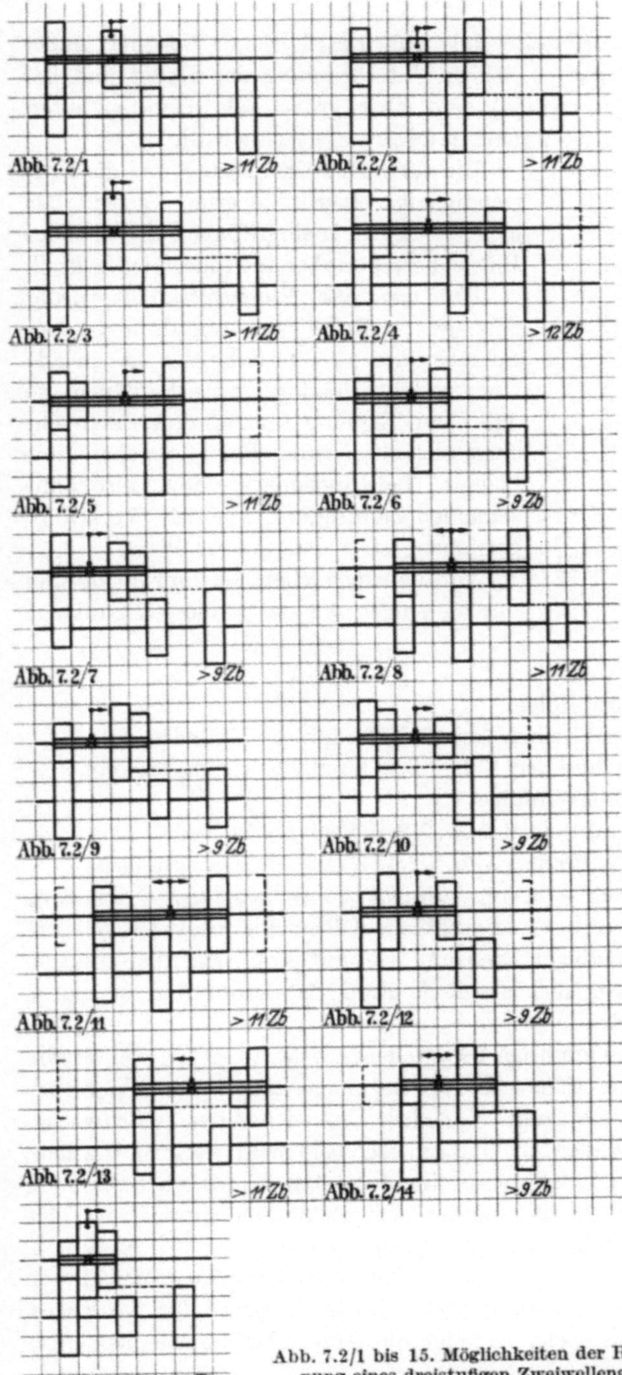

Abb. 7.2/1 bis 15. Möglichkeiten der Räderanordnung eines dreistufigen Zweiwellengetriebes

Den *geteilten Viererblock* zeigt Abb. 7.2/16. Seine Vorteile (kurze Baulänge, kurze Wellen, beliebige Unterbringung der Räder und beliebiger Zähnezahlunterschied) sind aber größer als beim geteilten Dreierblock, so daß diese Bauart häufiger angewandt wird.

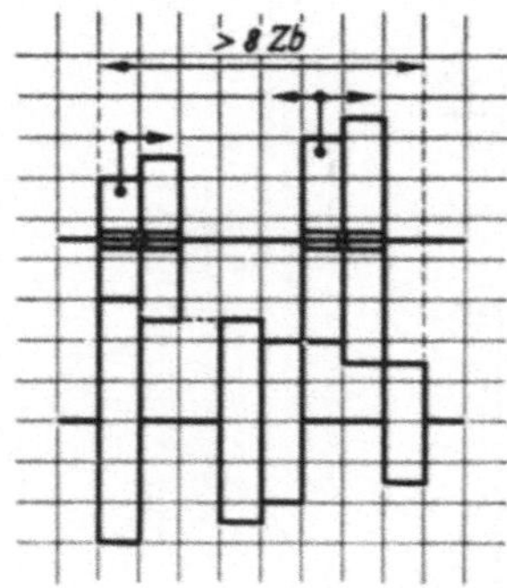

Abb. 7.2/16. Vierstufiges Zweiwellengetriebe mit geteiltem Schieberadblock. Vermischte und größenmäßige Drehzahlfolge. Zähnezahlunterschied beliebig

Die verwickelte Schaltung und die Notwendigkeit einer Sicherung gegen das gleichzeitige Ineingriffkommen beider Blöcke bestehen aber auch hier als Nachteil.

Der *ungeteilte Viererblock* läßt wieder eine ganze Reihe von Anordnungen der Schieberäder zu. Ausnahmslos haben alle eine verhältnismäßig große Baulänge, so daß seine Eignung für Hauptgetriebe sehr eingeschränkt wird. Bei Getrieben mit kleiner Leistungsübertragung, also mit schmalen Zahnrädern, wie z. B. Vorschubgetrieben, ist er dagegen am Platz.

Von den möglichen Ausführungen sind nur diejenigen mit der kürzesten Baulänge aufgezeichnet.

Dies sind für
Vermischte Drehzahlfolge
grobstufige Drehzahlreihen Abb. 7.2/17a mit $>$ 12 Radbreiten
feinstufige Drehzahlreihen Abb. 7.2/17b mit $>$ 12 Radbreiten.
Größenmäßige Drehzahlfolge
grobstufige Drehzahlreihen Abb. 7.2/18a mit $>$ 14 Radbreiten
feinstufige Drehzahlreihen Abb. 7.2/18b mit $>$ 16 Radbreiten.

Nun kann auch hier — als *Schieberadblock mit Kupplung* — das große Rad vom Block abgetrennt und drehbar auf der Schieberadwelle gelagert werden. Bei größenmäßiger Drehzahlfolge und grob- oder feingestuften Drehzahlreihen lassen sich damit je zwei Zahnradbreiten einsparen (Abb. 7.2/19a und b).

7.24 Fünf- und mehrstufige Zweiwellengetriebe. Mehr als vier Stufen in einem Zweiwellengetriebe erfordern bei einem ungeteilten Schieberadblock eine zu große Baulänge. Vor allen Dingen bereitet es Schwierigkeiten, die langen Wellen im Durchmesser genügend stark zu machen, weil damit auch der Durchmesser des kleinsten Rades wachsen muß, was wiederum eine Vergrößerung der Gesamtzähnezahlsumme zur Folge hat. Diese Bauart sei deswegen hier nicht behandelt.

Brauchbar erscheint dagegen noch der *geteilte Schieberadblock*, dessen Räderanordnung und Zähnezahlunterschied beliebig sind. Ein derartiges, fünfstufiges Zweiwellengetriebe zeigt die Abb. 7.2/20, ein sechsstufiges die Abb. 7.2/21.

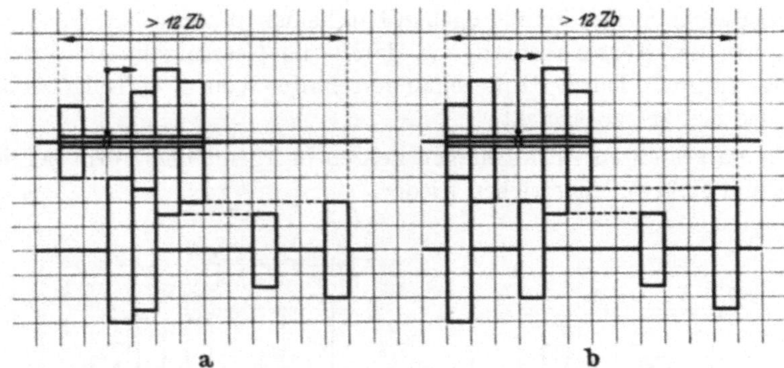

Abb. 7.2/17. Vierstufiges Zweiwellengetriebe mit ungeteiltem Schieberadblock. Vermischte Drehzahlfolge. a) Grobstufig. Zähnezahlunterschied > 4. b) Feinstufig. Zähnezahlunterschied > 2

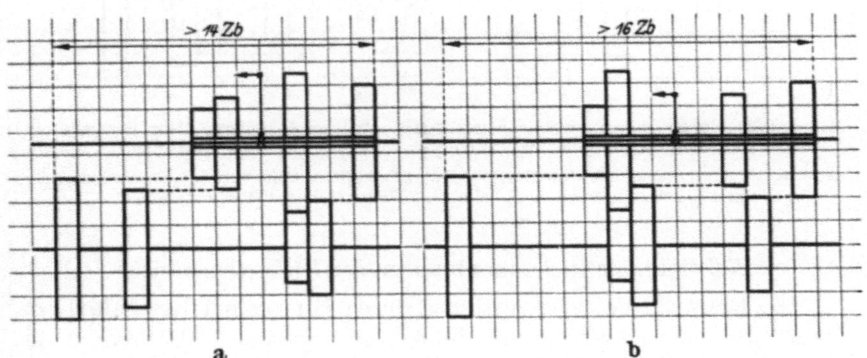

Abb. 7.2/18. Vierstufiges Zweiwellengetriebe mit ungeteiltem Schieberadblock. Größenmäßige Drehzahlfolge. a) Grobstufig. Zähnezahlunterschied > 4. b) Feinstufig. Zähnezahlunterschied > 2

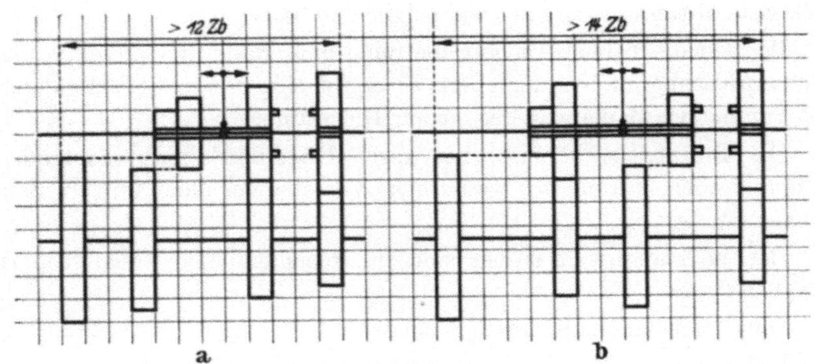

Abb. 7.2/19. Vierstufiges Zweiwellengetriebe. Schieberadblock mit Kupplung. Größenmäßige Drehzahlfolge. a) Grobstufig. b) Feinstufig.

6 Stephan, Stufenrädergetriebe

Über sechs Stufen hinauszugehen hat keinen praktischen Wert. Die Baulänge, der Achsenabstand und damit die Gesamtzähnezahlsumme werden zu groß. Durch Hintereinanderschalten von zwei Teilgetrieben wird das Ziel besser erreicht.

Die dargestellten Ausführungen kehren in irgendeiner Form bei den Drei- und Mehrwellengetrieben wieder.

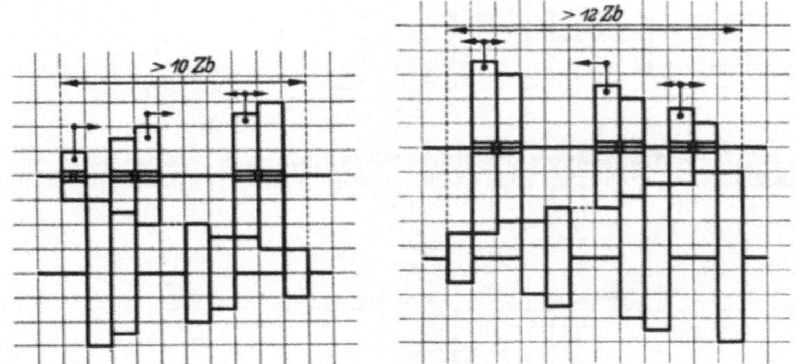

Abb. 7.2/20. Fünfstufiges Zweiwellengetriebe mit geteiltem Schieberadblock. Drehzahlfolge und Zähnezahlunterschied beliebig. 3 Schaltstellen. 8 Räderstellungen

Abb. 7.2/21. Sechsstufiges Zweiwellengetriebe mit geteiltem Schieberadblock. Drehzahlfolge und Zähnezahlunterschied beliebig. 3 Schaltstellen. 9 Räderstellungen

7.3 Optimale Räderanordnungen der Dreiwellengetriebe

Die Dreiwellengetriebe entstehen durch Hintereinanderschalten von zwei Zweiwellengetrieben. Ihre Stufenzahl ergibt sich als Produkt der Stufenzahlen beider Teilgetriebe. Die getriebene Welle des ersten ist zugleich treibende Welle des zweiten Teilgetriebes. Sie wird also, im Gegensatz zur ersten und letzten Welle, nicht durch einen, sondern durch zwei Zahneingriffe belastet. Deshalb muß angestrebt werden, die stark-belastete Mittelwelle so kurz wie möglich zu halten.

Werden die beiden Teilgetriebe ohne eine Räderumstellung in der Achsenrichtung *an*einandergefügt, so ergibt sich die gesamte Baulänge als Summe der Baulängen der beiden Teilgetriebe.

Die Teilgetriebe können aber durch Räderumstellung *in*einandergefügt werden, woraus sich wesentliche Vorteile, vor allem kürzere Baulängen ergeben.

Der Vollständigkeit halber sind im folgenden beide Ausführungsmöglichkeiten

Teilgetriebe aneinandergefügt oder

Teilgetriebe ineinandergefügt, und außerdem auch noch

Teilgetriebe gebunden

dargestellt, um zu zeigen, unter welchen Bedingungen die kürzeste Baulänge gewonnen wird. Aber auch innerhalb dieser sind noch gelegentlich Räderumstellungen möglich. Alle Möglichkeiten zu zeigen würde zu weit führen.

7.31 Vierstufige Dreiwellengetriebe. Werden zwei zweistufige Teilgetriebe *an*einandergefügt (Abb. 7.3/1a), so ergibt sich für die Mittelwelle eine Baulänge von > 8 Zahnradbreiten (Zb).

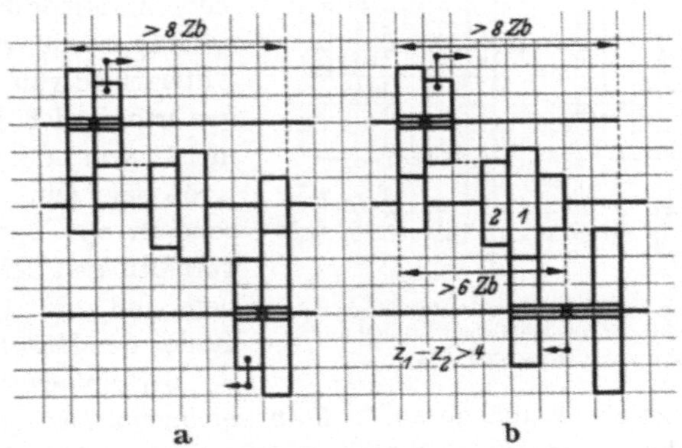

Abb. 7.3/1. Vierstufiges Dreiwellengetriebe mit aneinandergefügten Teilgetrieben. a) Zähnezahlunterschied beliebig. b) Zähnezahlunterschied > 4. Länge der Mittelwelle > 6 Zb

Sie kann bei gleichbleibender Gesamtbaulänge des Getriebes auf > 6 Zb vermindert werden (Abb. 7.3/1b), wenn für das zweite Teilgetriebe die weite Anordnung der Schieberäder gewählt wird. Der Unterschied in der Zähnezahl kann nach Abb. 7.3/1a beliebig sein, er muß aber bei Abb. 7.3/1b > 4 Zähne betragen.

Das einfach gebundene Getriebe ist in den Abb. 7.3/2a und 7.3/2b dargestellt. Beide Male beansprucht die gesamte Baulänge > 7 Zb mit dem Unterschied, daß die Mittelwelle in der Abb. 7.3/2b eine Baulänge von nur > 5 Zb benötigt. Der Unterschied in der Zähnezahl kann beliebig sein, da kein Zahnrad an einem anderen vorbeigeschoben wird.

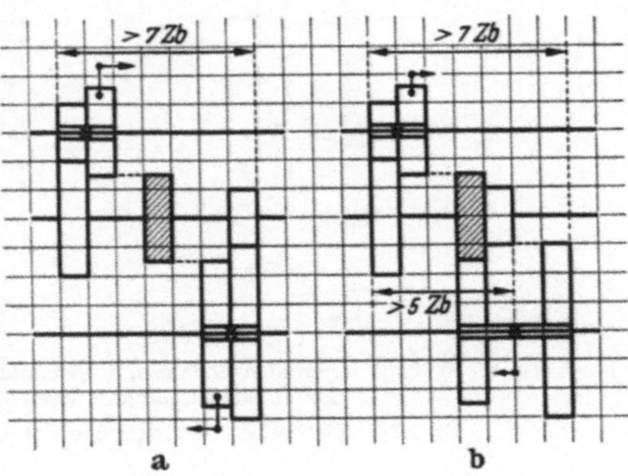

Abb. 7.3/2. Vierstufiges Dreiwellengetriebe mit aneinandergefügten Teilgetrieben. Einfach gebunden. Zähnezahlunterschied beliebig. a) Länge der Mittelwelle > 7 Zb. b) Länge der Mittelwelle > 5 Zb

Die beiden Teilgetriebe lassen sich *ineinander*fügen, wenn auf der Mittelwelle die beiden kleineren Räder zwischen die größeren gesetzt werden (Abb. 7.3/3a und b). Die Baulänge beträgt dann nur noch > 6 Zb beim ungebundenen Getriebe. In Rücksicht auf den Schieberadsatz des ersten Teilgetriebes wird jedoch zwischen den Rädern z_1 und z_2 sowie z_3 und z_4 ein Unterschied von > 4 Zähnen erforderlich. Er ist aber nicht von der Stufung (grob oder fein) abhängig, sondern von den Größenverhältnissen der getriebenen und der treibenden Räder der Mittelwelle.

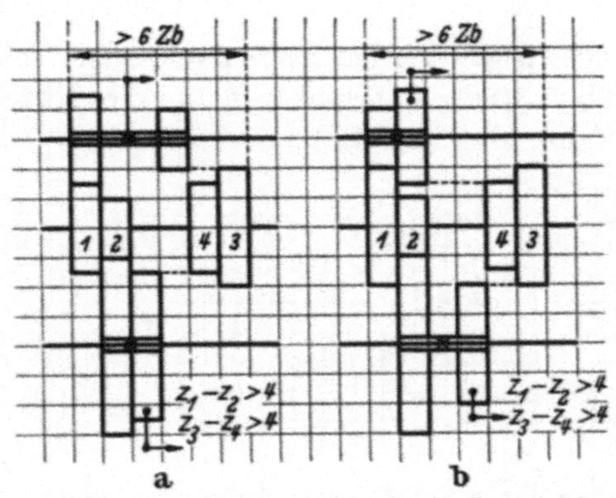

Abb. 7.3/3. a) und b). Vierstufiges Dreiwellengetriebe mit ineinandergefügten Teilgetrieben. Ungebunden. Zähnezahlunterschied > 4

Bei einfacher Bindung (Abb. 7.3/4) ist die Baulänge auf > 5 Zb verringert. Der Unterschied von > 4 Zähnen braucht nur noch zwischen dem größten und dem kleinsten Rad der Mittelwelle eingehalten zu werden.

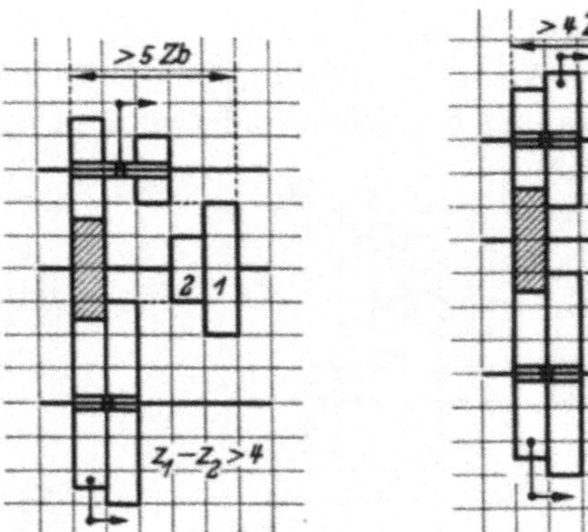

Abb. 7.3/4. Vierstufiges Dreiwellengetriebe mit ineinandergefügten Teilgetrieben. Einfach gebunden. Zähnezahlunterschied > 4

Abb. 7.3/5. Vierstufiges Dreiwellengetriebe. Doppelt gebunden

Durch doppelte Bindung (Abb. 7.3/5) kann eine weitere Zahnradbreite gespart werden, so daß die Baulänge das Kleinstmaß von > 4 Zb annimmt. Da auch hier kein Rad am anderen vorbeigeschoben werden muß, kann der Unterschied in der Zähnezahl beliebig sein.

7.32 Sechsstufige Dreiwellengetriebe. Mit *an*einandergefügten Teilgetrieben ist eine geringste Baulänge von > 11 Zb zu erreichen, und

zwar für grobe und feine Stufung der Drehzahlreihen (Abb. 7.3/6a und b).
Die beiden Räder z_1 und z_2 der Mittelwelle müssen in der Abb. 7.3/6b
einen Unterschied von > 4 Zähnen aufweisen, da das kleine Rad des
Dreierblockes an dem Rad z_2 vorbeigeschoben wird.

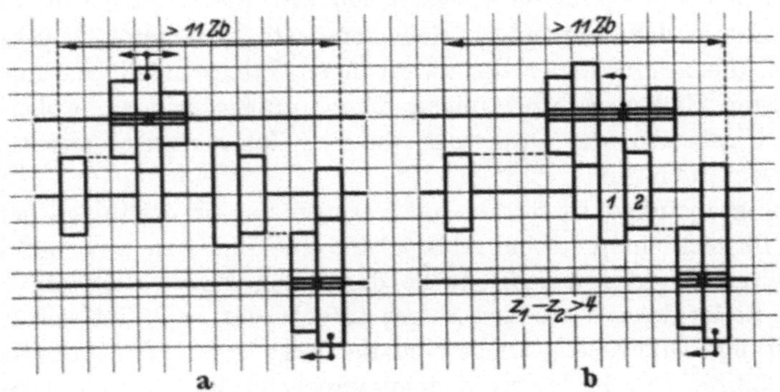

Abb. 7.3/6. Sechsstufiges Dreiwellengetriebe mit aneinandergefügten Teilgetrieben. Vermischte Drehzahlfolge. a) Grobstufig. b) Feinstufig

Wird eine einfache Bindung angewandt, so vermindert sich bei beiden
Ausführungen die Baulänge um eine Radbreite; die Bedingung des
Unterschiedes in der Zähnezahl fällt fort.

Da ein Dreierblock verwendet wird, ist hier noch die Drehzahlfolge
beim Schalten zu beachten.

Bei den beiden gezeigten Anordnungen ist die Reihenfolge vermischt.
Wird eine größenmäßige Drehzahlfolge verlangt, so können die Teil-

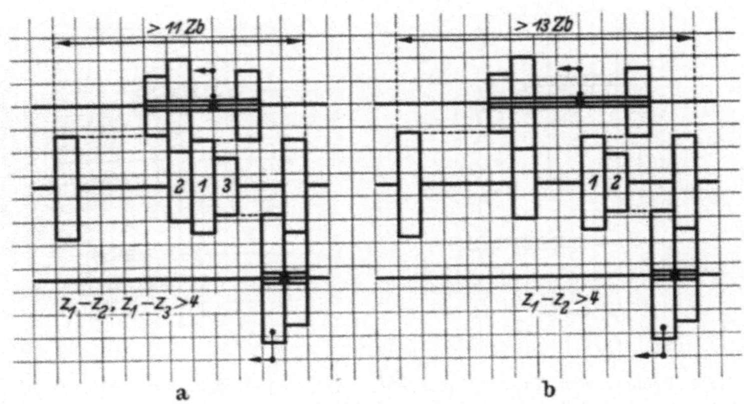

Abb. 7.3/7. Sechsstufiges Dreiwellengetriebe mit aneinandergefügten Teilgetrieben und
größenmäßiger Drehzahlfolge. a) Grobstufig. b) Feinstufig

getriebe wie in Abb. 7.3/7a (grobstufig) oder Abb. 7.3/7b (feinstufig)
aneinandergefügt werden. Die grobstufige Anordnung erfordert eine

Baulänge von > 11 Zb, die feinstufige eine solche von > 13 Zb. Für den Unterschied in der Zähnezahl gilt das gleiche, wie zuvor (> 4 Zähne).

Durch einfache Bindung wird bei beiden Ausführungen die Baulänge um 1 Zb verkürzt; der Unterschied in der Zähnezahl kann beliebig sein.

Bei *in*einandergefügten Teilgetrieben wird die Baulänge im wesentlichen durch den dreistufigen Schieberadsatz bestimmt. Es geht also darum, die festen Räder des zweistufigen Satzes möglichst innerhalb der festen Räder des dreistufigen Satzes unterzubringen, wobei dann unter Umständen der Dreiersatz um eine Zahnradbreite auseinandergezogen werden muß.

Der grobstufige Dreiersatz mit vermischter Drehzahlfolge verlangt allein für sich entsprechend Abb. 7.1/2a eine Baulänge von > 7 Zahnradbreiten. Werden auf die Welle der festen Räder noch die beiden festen Räder des zweistufigen Satzes aufgebracht, so ergibt sich für das sechsstufige Dreiwellengetriebe eine Baulänge von > 9 Zahnradbreiten (Abb. 7.3/8). Die Räder werden entsprechend ihrer Größe innerhalb oder außerhalb der Gegenräder des Dreierblockes untergebracht. In jedem Fall wird eine Baulänge von > 9 Zahnradbreiten benötigt. Der Unterschied in der Zähnezahl muß bei den Rädern, an denen ein anderes vorbeigeschoben wird, > 4 Zähne betragen.

Einfache Bindung vermindert die Baulänge um eine Zahnradbreite auf > 8 Zb (Abb. 7.3/9), die doppelte Bindung um zwei Zahnradbreiten auf > 7 Zb (Abb. 7.3/10), so daß also beim sechsstufigen doppelt gebundenen Getriebe die Baulänge die gleiche ist, wie beim dreistufigen der Abb. 7.1/2a.

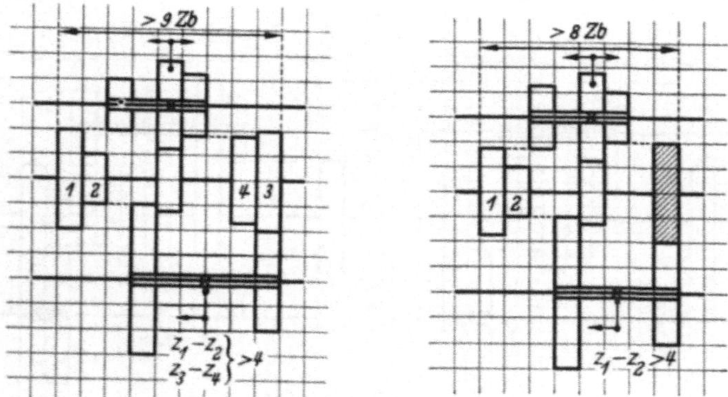

Abb. 7.3/8. Sechsstufiges Dreiwellengetriebe mit ineinandergefügten Teilgetrieben. Vermischte Drehzahlfolge. Grobstufig. Ungebunden

Abb. 7.3/9. Sechsstufiges Dreiwellengetriebe mit ineinandergefügten Teilgetrieben. Vermischte Drehzahlfolge. Grobstufig. Einfach gebunden

Beim feinstufigen Dreiersatz Abb. 7.2/14 liegen die Verhältnisse insofern günstiger, als die Welle mit den festen Rädern eine Baulänge von nur > 7 Zb benötigt. Wie Abb. 7.3/11 deutlich macht, beansprucht daher das sechsstufige Dreiwellengetriebe für feine Stufung eine gesamte Baulänge von > 10 Zb. Übersetzen aber beide Teilgetriebe stark ins Langsame, so werden die festen Räder des Dreiersatzes groß und die-

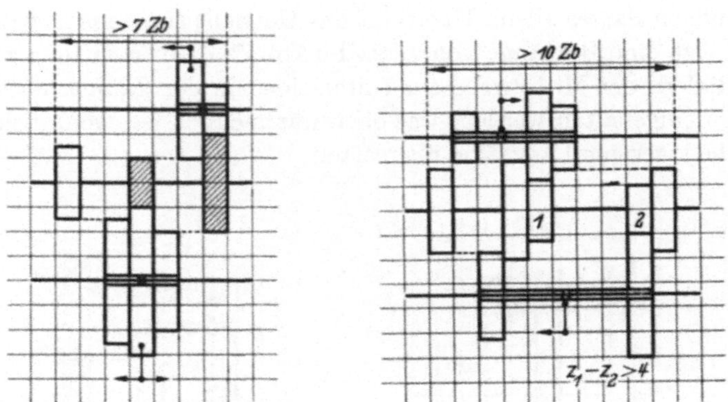

Abb. 7.3/10. Sechsstufiges Dreiwellengetriebe. Vermischte Drehzahlfolge. Grobstufig. Doppelt gebunden

Abb. 7.3/11. Sechsstufiges Dreiwellengetriebe. Vermischte Drehzahlfolge. Feinstufig

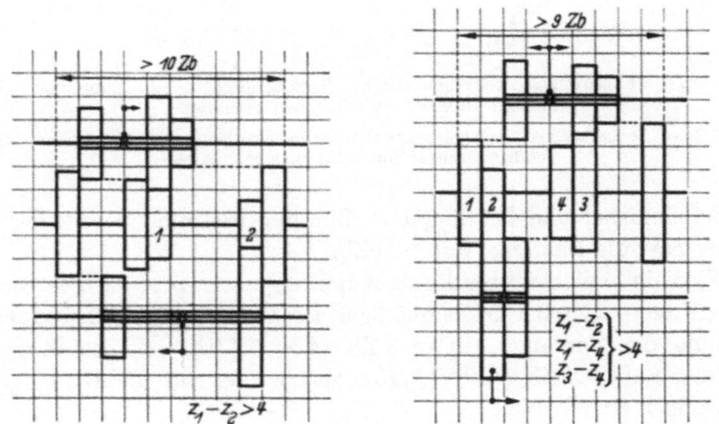

Abb. 7.3/12. Sechsstufiges Dreiwellengetriebe. Größenmäßige Drehzahlfolge. Grobstufig

Abb. 7.3/13. Sechsstufiges Dreiwellengetriebe. Größenmäßige Drehzahlfolge. Grobstufig. Stark ins Langsame übersetzend

jenigen des Zweiersatzes klein. Letztere können also zwischen die Räder des Dreiersatzes gesetzt werden, wo dafür ein Raum von 4 Zahnradbreiten zur Verfügung steht. Die gesamte Baulänge entspricht dann mit > 9 Zb der des dreistufigen Satzes allein (ähnlich Abb. 7.3/13).

Bei einfacher und doppelter Bindung ist ebenfalls mit der Baulänge des dreistufigen Satzes auszukommen, wobei es gleichgültig ist, welches Rad zur Bindung benutzt wird.

Eine größenmäßige Drehzahlfolge mit grober Stufung nimmt > 10 Zb als Baulänge in Anspruch (Abb. 7.3/12), gegenüber > 9 Zb des dreistufigen Satzes allein. Übersetzt das Getriebe stark ins Langsame, so ergibt sich eine Baulänge von > 9 Zb (Abb. 7.3/13). Hier muß zwischen vier Rädern der Mittelwelle ein Unterschied in der Zähnezahl von > 4 Zähnen eingehalten werden, was eben nur möglich ist, wenn beide Teilgetriebe stark ins Langsame übersetzen.

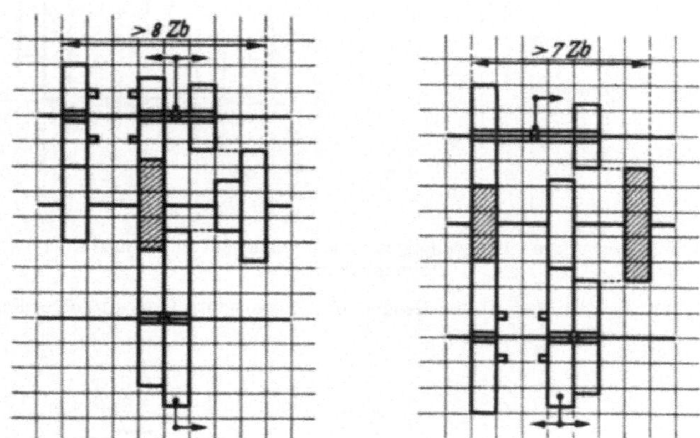

Abb. 7.3/14. Sechsstufiges Dreiwellengetriebe. Schieberadblock mit Kupplung. Größenmäßige Drehzahlfolge. Einfach gebunden

Abb. 7.3/15. Sechsstufiges Dreiwellengetriebe. Schieberadblock mit Kupplung. Größenmäßige Drehzahlfolge. Doppelt gebunden

Bei einfacher und bei doppelter Bindung bestimmt wieder der dreistufige Satz die Baulänge mit > 9 Zb.

Wird ein Schieberadblock mit Kupplung nach Abb. 7.1/6 verwendet, so verringert sich bei größenmäßiger Drehzahlfolge und bei einfacher Bindung die Baulänge auf > 8 Zb (Abb. 7.3/14) und bei doppelter Bindung auf > 7 Zb (Abb. 7.3/15), also wieder auf die Baulänge des dreistufigen Satzes allein.

Als letzte Gruppe sei die Zusammenstellung des geteilten Dreierblockes nach Abb. 7.1/5 mit dem zweistufigen nach Abb. 7.1/1 behandelt. Zwar werden drei Schaltstellen benötigt statt zwei, wie bisher. Die Vorteile hinsichtlich der Räderanordnung, des Unterschiedes in der Zähnezahl und der Schaltfolge wirken sich aber auch beim Ineinanderfügen der beiden Teilgetriebe günstig aus. Da die Räder beliebig angeordnet werden können, ist nunmehr nur noch der Zweierblock bestimmend. Somit erfordert die ungebundene Ausführung > 8 Zb als Baulänge (Abb. 7.3/16a) und die einfach gebundene > 7 Zb (Abb. 7.3/16b), wobei es gleichgültig ist, welches Rad zur Bindung herangezogen wird. Die festen Räder 1 und 2 bzw. 3 und 4 auf der Mittelwelle müssen einen Unterschied in der Zähnezahl von > 4 Zähnen haben.

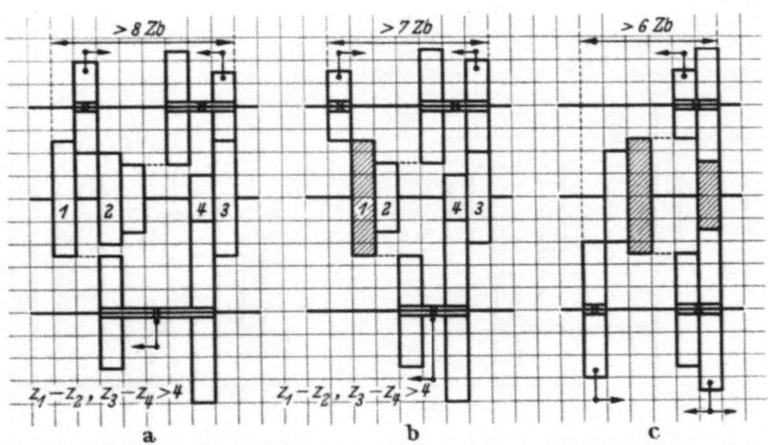

Abb. 7.3/16. Sechsstufiges Dreiwellengetriebe mit geteiltem Schieberadblock. Feinstufig. a) Ungebunden. b) Einfach gebunden. c) Doppelt gebunden

Die doppelt gebundene Ausführung hat die Baulänge des Dreiersatzes, nämlich > 6 Zb und damit die kleinstmögliche Baulänge für ein sechsstufiges Dreiwellengetriebe (Abb. 7.3/16c).

7.33 Achtstufige Dreiwellengetriebe. Die Anordnung mit *an*einandergefügten Teilgetrieben sei, weil nicht brauchbar, übergangen.

Beim *In*einanderfügen der Teilgetriebe wird die Baulänge durch den Vierersatz bestimmt. Er benötigt bei vermischter Drehzahlfolge nach Abb. 7.2/17b eine Baulänge von > 12 Zb. Zwischen seinen festen Rädern läßt sich das kleine feste Rad des Zweiersatzes unterbringen, allerdings mit der Einschränkung, daß es um > 4 Zähne kleiner ist, als das kleinste feste Rad des Vierersatzes (Abb. 7.3/17). Das große feste Rad 3 des Zweiersatzes wird nun entsprechend seiner Größe an einem Ende innerhalb oder außerhalb der festen Räder des Vierersatzes angeordnet. In jedem Fall ergibt sich eine Baulänge von > 13 Zb, und zwar sowohl für feine als auch für grobe Stufung.

Bei einfacher und doppelter Bindung ist mit einer Baulänge von > 12 Zb gleich der Baulänge des Vierersatzes auszukommen, gleichgültig, welches Rad gebunden wird.

Ist größenmäßige Schaltfolge verlangt, so gelten dieselben Bedingungen, wie vorstehend. Das ungebundene Getriebe erfordert wieder 1 Zb zusätzlich zur Baulänge des Vierersatzes, während bei einfacher und doppelter Bindung die Baulänge gleich der des Vierersatzes ist.

Auch der *Schieberadblock mit Kupplung* nach den Abb. 7.2/19a und b benötigt ohne Bindung 1 Zb mehr, also für das feinstufige Getriebe > 15 Zb und für das grobstufige > 13 Zb. Bei einfacher oder doppelter Bindung ist auch hier die Baulänge des entsprechenden Vierersatzes maßgebend.

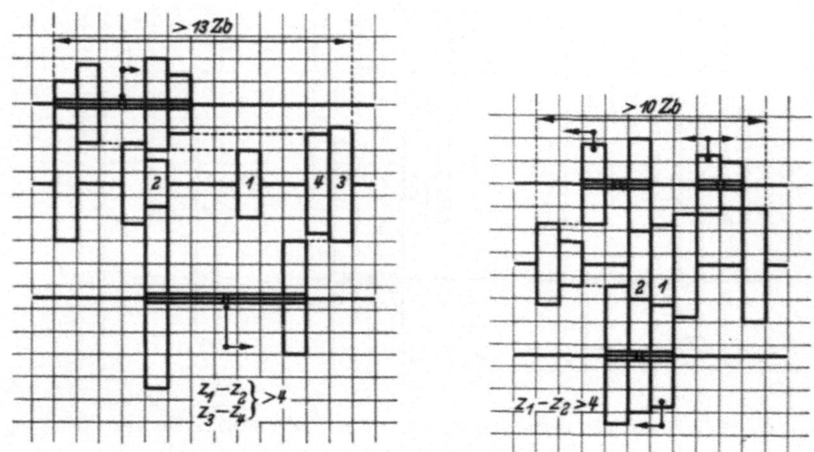

Abb. 7.3/17. Achtstufiges Dreiwellengetriebe mit ineinandergefügten Teilgetrieben. Ungeteilter Schieberadblock. Fein- und grobstufig. Vermischte Drehzahlfolge. Ungebunden

Abb. 7.3/18. Achtstufiges Dreiwellengetriebe. Geteilter Schieberadblock. Grob- und feinstufig. Vermischte und größenmäßige Drehzahlfolge. Ungebunden

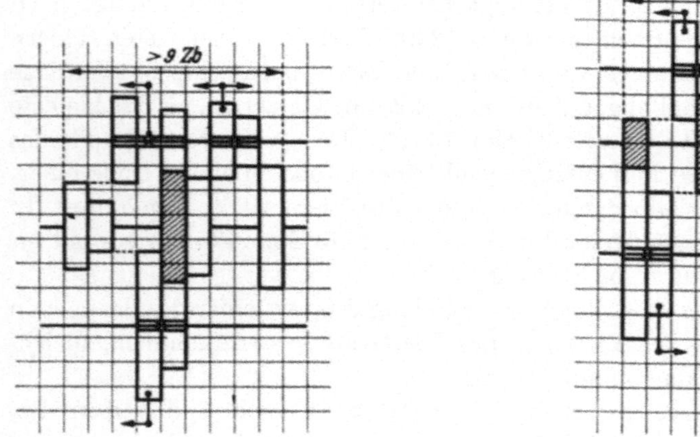

Abb. 7.3/19. Achtstufiges Dreiwellengetriebe. Geteilter Schieberadblock. Grob- und feinstufig. Vermischte und größenmäßige Drehzahlfolge. Einfach gebunden

Abb. 7.3/20. Achtstufiges Dreiwellengetriebe wie Abb. 7.3/19; jedoch doppelt gebunden

Alle gezeigten achtstufigen Anordnungen werden direkt mit zwei Schalthebeln geschaltet.

Vorzugsweise wird das achtstufige Dreiwellengetriebe mit geteiltem Viererblock verwendet. In dieser Ausführung beansprucht das ungebundene Getriebe eine Baulänge von > 10 Zb. Zwischen einem festen Rad des Vierersatzes — gleichgültig welchem, da sie ja beliebig angeordnet werden können — und dem großen festen Rad des Zweiersatzes ist dabei ein Unterschied von > 4 Zähnen Bedingung (Abb. 7.3/18). Die Baulänge des einfach gebundenen Getriebes — unabhängig davon, welches Rad des Vierersatzes zur Bindung herangezogen wird — ist > 9 Zb (Abb. 7.3/19), diejenige des doppelt gebundenen gleich der des Vierersatzes, nämlich > 8 Zb (Abb. 7.3/20).

7.34 Neunstufige Dreiwellengetriebe. Zwei dreistufige, hintereinandergeschaltete Teilgetriebe ergeben neun Stufen. Die Baulänge eines dreistufigen Getriebes ist schon verhältnismäßig groß und nimmt beim *Aneinanderfügen* von zwei solchen Getrieben Werte an, die diese Ausführung praktisch ausschließen, es sei denn, die Mittelwelle würde durch ein drittes Lager in der Mitte abgestützt.

Eine Besonderheit der neun- und mehrstufigen Getriebe ist, daß zwei Zahnräder auf der Mittelwelle infolge ihres wenig unterschiedlichen Durchmessers zu einem einzigen vereinigt werden können. Es verbietet sich also von selbst, solche Getriebe ungebunden auszuführen.

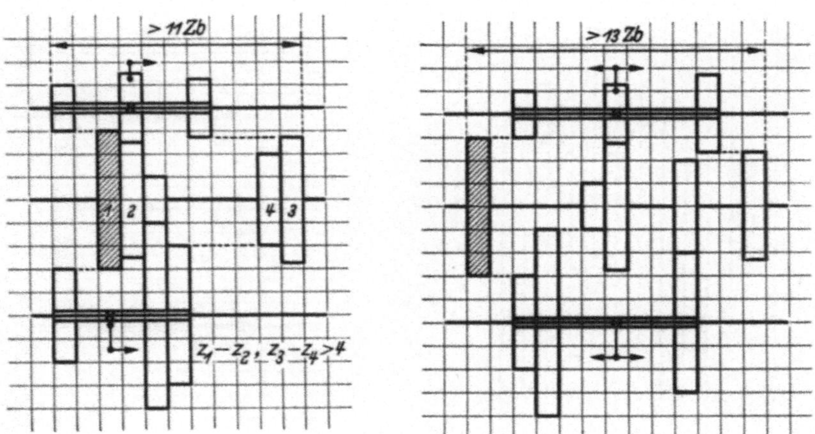

Abb. 7.3/21. Neunstufiges Dreiwellengetriebe mit ineinandergefügten Teilgetrieben. Grob- und feinstufig. Vermischte Drehzahlfolge. Einfach gebunden

Abb. 7.3/22. Neunstufiges Dreiwellengetriebe. Größenmäßige Drehzahlfolge. Einfach gebunden. Feinstufig

Das Aneinanderfügen der Teilgetriebe gibt die Möglichkeit des Anschlusses eines Vorgelegegetriebes, ohne daß besonderer Raum dafür geschaffen werden müßte. Als Baulänge sind bei grober Stufung und vermischter Drehzahlfolge > 13 Zb erforderlich. Nachteilig ist, daß das gebundene Rad auf der Mitte der Welle sitzt und ihre Verstärkung nötig macht (ähnlich Abb. 7.3/2a).

Mit *in*einandergefügten Teilgetrieben ergibt sich bei vermischter Drehzahlfolge und einfacher Bindung eine Baulänge des Getriebes für feine und grobe Stufung von > 11 Zahnradbreiten (Abb. 7.3/21).

Größenmäßige Drehzahlfolge erhöht die Baulänge um 2 Zb auf > 13 Zb. Bei feiner und grober Stufung ist der Platz des hochbelasteten kleinen Rades der Mittelwelle etwa in deren Mitte (Abb. 7.3/22), so daß die Biegebeanspruchung der Welle sehr hoch wird. Infolgedessen ist diese Ausführung nur für schwach belastete Getriebe (z. B. Vorschubgetriebe) verwendbar. Die Anordnung für grobe Stufung mit der gleichen Baulänge ist in dieser Beziehung günstiger, da das kleine Rad am Ende der Mittelwelle sitzt (Abb. 7.3/23).

Beim *Schieberadblock mit Kupplung* und vermischter Drehzahlfolge ist die Baulänge um 1 Zb auf > 10 Zb verringert (Abb. 7.3/24). Diese Räderanordnung gilt für feine Stufung.

Für grobe Stufung ergibt sich bei gleicher Baulänge und größenmäßiger Drehzahlfolge eine günstigere Räderanordnung nach Abb. 7.3/ 25a. Hier liegt das kleine Rad der Mittelwelle sowohl belastungsmäßig als auch in konstruktiver Hinsicht richtiger am Ende der Welle, so daß dieses Getriebe auch für Hauptantriebe geeignet ist.

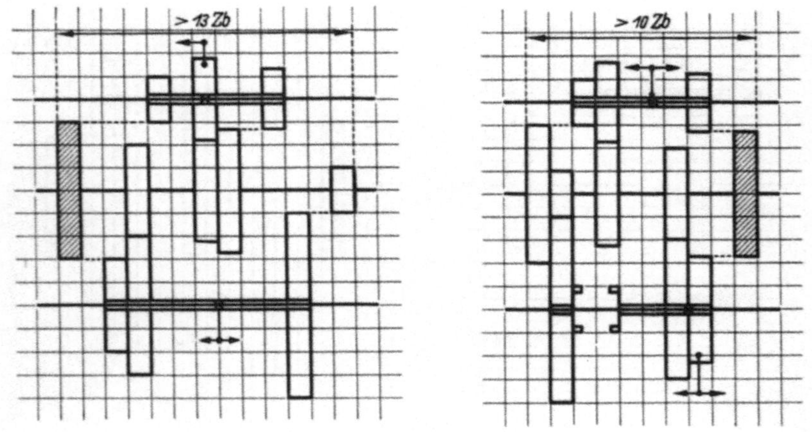

Abb. 7.3/23. Neunstufiges Dreiwellengetriebe. Größenmäßige Drehzahlfolge. Einfach gebunden. Grobstufig. Stark belastetes Räderpaar nahe dem Wellenlager

Abb. 7.3/24. Neunstufiges Dreiwellengetriebe. Schieberadblock mit Kupplung. Vermischte Drehzahlfolge. Feinstufig. Einfach gebunden

Das gleiche gilt für feine Stufung, die eine Baulänge von > 12 Zb beansprucht (Abb. 7.3/25b).

Die doppelte Bindung erfordert eine Baulänge von > 10 Zb bei vermischter Drehzahlfolge für feine und für grobe Stufung. Die Mittelwelle ist mit einer Baulänge von > 8 Zb verhältnismäßig kurz und nur an den Enden stark belastet (Abb. 7.3/26).

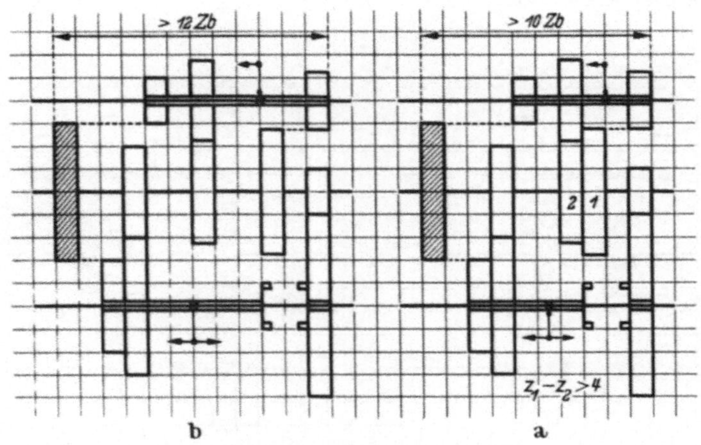

Abb. 7.3/25. Neunstufiges Dreiwellengetriebe. Schieberadblock mit Kupplung. Größenmäßige Drehzahlfolge. Einfach gebunden. Stark belastetes Räderpaar nahe dem Wellenlager. a) Grobstufig. b) Feinstufig

Bei größenmäßiger Drehzahlfolge werden wieder 2 Zb mehr gebraucht, und zwar sowohl für feine (Abb. 7.3/27a), als auch für grobe Stufung (Abb. 7.3/27b).

Der *Schieberadblock mit Kupplung* ergibt bei vermischter Drehzahlfolge und grober oder feiner Stufung mit einer Baulänge von > 8 Zb ein sehr günstig belastetes Getriebe (Abb. 7.3/28a und b). Die größenmäßige Drehzahlfolge verlangt > 10 Zb als Baulänge für das grobstufige Getriebe (Abb. 7.3/29a) und > 11 Zb für das feinstufige (Abb. 7.3/29b).

Damit sind die Anordnungsmöglichkeiten für das neunstufige Getriebe mit zwei Schaltstellen und je drei Schaltstellungen erschöpft.

Der *geteilte Dreierblock* erweist sich auch beim neunstufigen Getriebe mit unter als recht vorteilhaft. Er erfordert

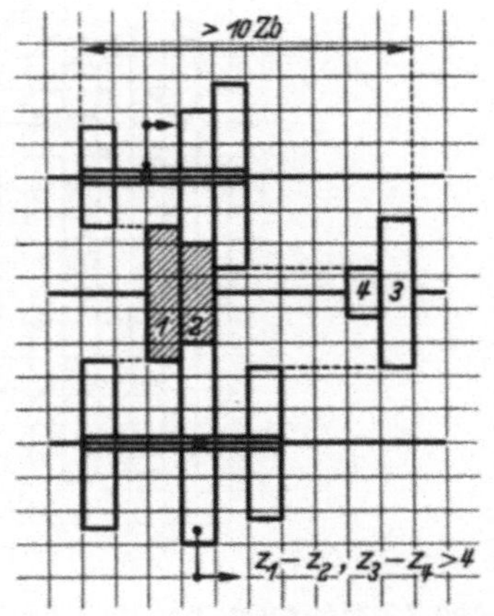

Abb. 7.3/26. Neunstufiges Dreiwellengetriebe. Vermischte Drehzahlfolge. Fein- und grobstufig. Doppelt gebunden

bei einfacher Bindung eine Baulänge des Getriebes von > 8 Zb (Abb. 7.3/30a) und bei doppelter Bindung eine solche von > 7 Zb (Abb. 7.3/30b).

Wird die größenmäßige Drehzahlfolge zwangläufig z. B. durch Kurventrommel bzw. mit Kurvenscheiben oder automatisch (elektrisch, hydraulisch) erreicht, so kann bei grober Stufung bei beiden Ausführungen der Block mit der feineren Stufung ungeteilt bleiben, ohne daß sich die Baulänge ändert.

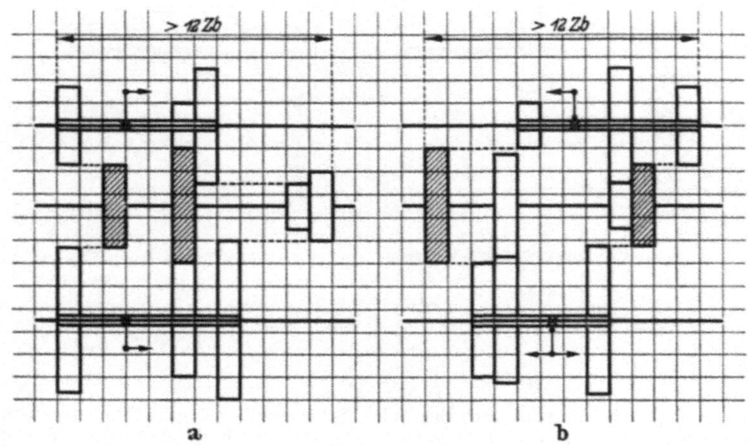

Abb. 7.3/27. Neunstufiges Dreiwellengetriebe. Größenmäßige Drehzahlfolge. Doppelt gebunden. a) Feinstufig. b) Grobstufig

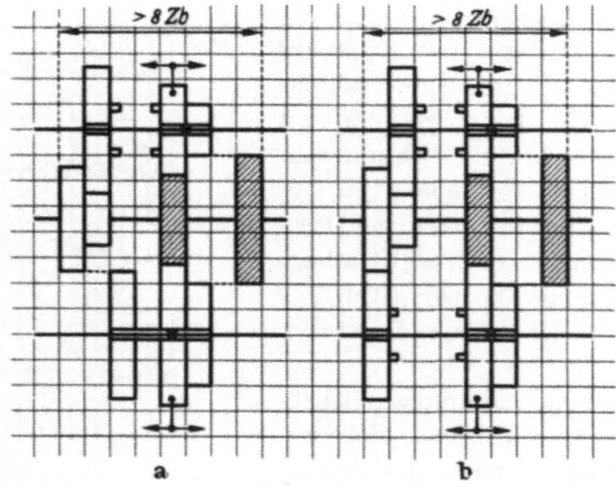

Abb. 7.3/28. Neunstufiges Dreiwellengetriebe. Schieberadblock mit Kupplung. Vermischt-Drehzahlfolge. Doppelt gebunden. a) Grobstufig. b) Feinstufig

Die Grenze, innerhalb welcher Vervielfachungsgetriebe ohne Zwischenvorgelege ausführbar sind, bilden die Übersetzungen 1 : 2 und 4 : 1 und in Abhängigkeit davon der Sprung 8 (s. Abschn. 3.2). Diese Grenze ist beim neunstufigen Getriebe schon mit dem Stufensprung 1,4 erreicht, so daß also die gezeigten Ausführungsformen nur für die Stufensprünge 1,25 und 1,4 gelten. Bei den Stufensprüngen 1,6 und 2 ist entweder ein weiteres Vervielfachungsgetriebe oder ein Zwischenvorgelege nötig (s. Abschn. 3.2).

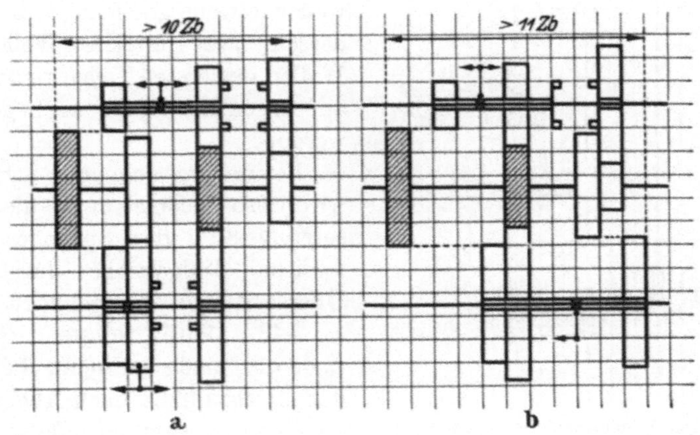

Abb. 7.3/29. Neunstufiges Dreiwellengetriebe. Schieberadblock mit Kupplung. Größenmäßige Drehzahlfolge. Doppelt gebunden. a) Grobstufig. b) Feinstufig

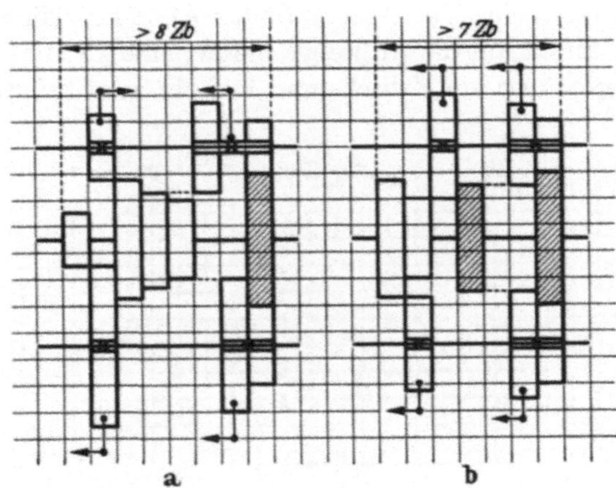

Abb. 7.3/30. Neunstufiges Dreiwellengetriebe. Schieberadblöcke geteilt. Vermischte und größenmäßige Drehzahlfolge. Feinstufig. a) Einfach gebunden. b) Doppelt gebunden

Dieselben Gründe veranlassen dazu, die verschiedenen Ausführungsmöglichkeiten mit den neunstufigen Getrieben abzuschließen.

7.4 Räderanordnung für die in Abschn. 3.2 gezeigten Möglichkeiten der Aufteilung großer Sprünge

7.41 Neunstufiges Dreiwellengetriebe nach Abschn. 3.22 mit dem Drehzahlbild Abb. 3.2/10. Im zweiten dreistufigen Zweiwellengetriebe wird die größte Übersetzung ins Langsame aus einem einstufigen Vierwellengetriebe gebildet (Abb. 7.4/1), dessen zwei mittlere Wellen die Wellen des ersten Teilgetriebes sind, auf denen die Räder auch gelagert werden.

Bei der gezeichneten Schaltung wird also beispielsweise die Übersetzung 8 : 1 des Sprunges 16 im zweiten Teilgetriebe durch drei Übersetzungen 2 : 1 gebildet.

7.42 Zwölfstufiges Getriebe (2 · 2 · 3) nach Abschn. 3.23 mit dem Drehzahlbild nach Abb. 3.2/11. An das zusammengefaßte erste und zweite Teilgetriebe, ein einfach gebundenes vierstufiges Dreiwellengetriebe (Abb. 7.3/2a) schließt sich nach Abb. 7.4/2 ein dreistufiges

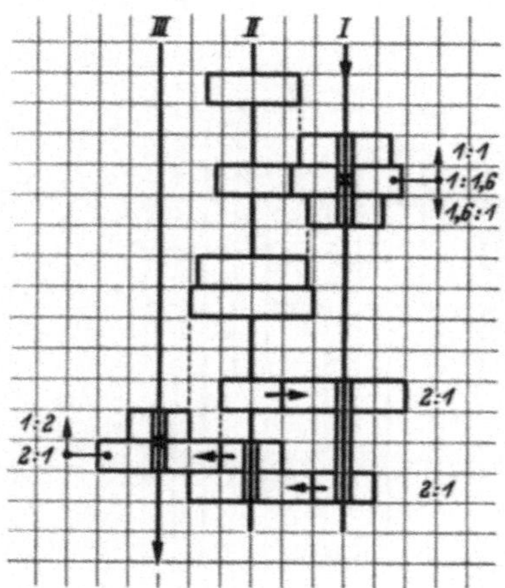

Abb. 7.4/1. Räderanordnung eines neunstufigen Dreiwellengetriebes, bei dem die größte Übersetzung ins Langsame des zweiten Teilgetriebes in drei hintereinander geschaltete Übersetzungen aufgeteilt ist

Getriebe an, dessen eine Übersetzung (in der Abbildung die mittlere) von der Welle III direkt auf die Abtriebswelle IV, eine zweite (in der Abbildung die obere) über ein Zwischenrad auf ein zweistufiges Vorgelegetreibt.

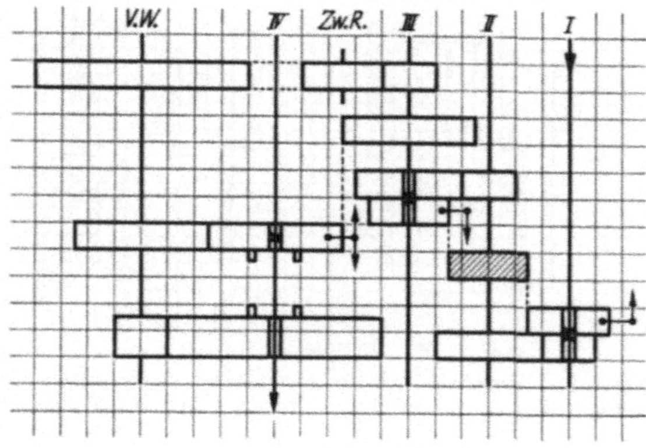

Abb. 7.4/2. Räderanordnung eines zwölfstufigen Getriebes (2 · 2 · 3), bei dem zwei Übersetzungen des dritten, dreistufigen Teilgetriebes durch ein zweistufiges Vorgelege gebildet werden

Vier Enddrehzahlen werden direkt, weitere vier über die eine Stufe des Vorgeleges und die unteren vier über dessen zweite Stufe erreicht.

7.43 Zwölfstufiges Getriebe (3 · 2 · 2) nach Abschn. 3.2 mit dem Drehzahlbild Abb. 3.2/12. Einem sechsstufigen Dreiwellengetriebe (3 · 2 mit dem Aufbau etwa nach Abb. 7.3/6b) ist nach Abb. 7.4/3 ein zweistufiges Vorgelegegetriebe (Abb. 1/5) nachgeschaltet, das sich hier in die Baulänge des zweiten Teilgetriebes einfügt.

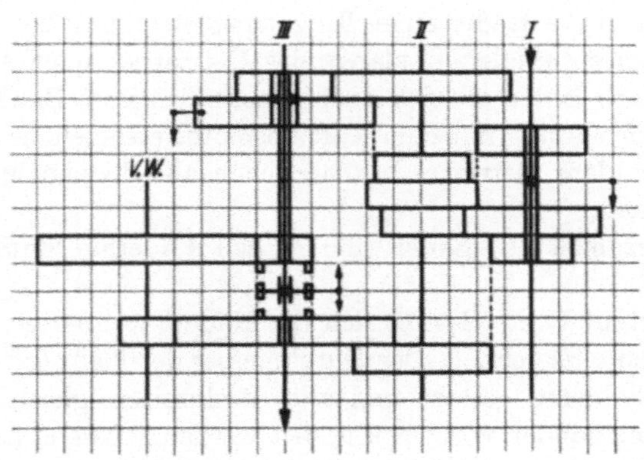

Abb. 7.4/3. Räderanordnung eines zwölfstufigen Getriebes (3 · 2 · 2), wobei einem sechsstufigen Getriebe (3 · 2) ein zweistufiges Vorgelegegetriebe nachgeschaltet ist

8 Optimale Räderanordnungen der Beispiele des Abschn. 6

Bei der Ermittlung der günstigsten Räderanordnung kommt es darauf an, jeden durch die Verschiebewege bedingten freien Raum für die Unterbringung von Rädern auszunützen. Es ist also nötig, aus den in den beiden vorhergehenden Abschnitten gezeigten Ausführungen von Zwei- und Dreiwellengetrieben sorgfältig dasjenige auszusuchen, das dem jeweils vorliegenden Fall am besten entspricht und im Bedarfsfall ein Einfügen zusätzlicher Vervielfachungsgetriebe in raumsparender Weise möglich macht.

Bei diesem Aussuchen dürfen die erforderlichen Mindest-Zähnezahlunterschiede zwischen den Rädern der Teilgetriebe für feine oder grobe Stufung nicht übersehen werden, damit sich die Schieberäder überall an den festen Rädern ohne Berührung der Kopfkreise vorbeischieben lassen.

Besonderes Augenmerk ist ferner darauf zu richten, daß das Räderpaar zur Übertragung des größten Drehmomentes im letzten Vervielfachungsgetriebe nahe einem Wellenlager untergebracht wird, um eine ungünstige Belastung der Welle zu vermeiden.

Während es weiter allgemein richtig ist, bei mehreren Teilgetrieben die beiden ersten zu einem Dreiwellengetriebe zusammenzufassen und ineinanderzufügen, kann dies bei *einfach* gebundenen Getrieben nur mit den beiden Teilgetrieben geschehen, die das gebundene Rad gemeinsam haben. Die *doppelt* gebundenen Getriebe bilden sowieso eine unveränderliche Einheit.

Dem Abschn. 7.1 folgend, sei auch bei diesen Beispielen die Kupplung eines getrennten Schieberadblockes gleich einer Zahnradbreite (1 Zb) gesetzt, während die Räder einer Eingangsübersetzung bei der Ermittlung der gesamten axialen Baulänge des Getriebes außer Acht bleiben können. Vielfach lassen sie sich auch innerhalb dieser Baulänge unterbringen. In Verbindung mit dem Antriebsmotor ersetzen sie aber dessen Kupplung mit dem Getriebe, beanspruchen also keinen Mehrraum in axialer Richtung.

Die Zähnezahlen der Räder sind in den Räderanordnungen eingeschrieben.

Auf kariertem Papier lassen sich die Räderanordnungen freihändig am bequemsten aufzeichnen. Der Durchmesser des kleinsten Rades wird gleich zwei Einheiten gesetzt und alle Radbreiten gleich einer. Wo zwei Räder aneinander vorbeigeschoben werden müssen, wird — auch ohne genaue Abstimmung der Raddurchmesser aufeinander — sofort ersichtlich, ebenso wo Platz für das Ineinanderfügen der Teilgetriebe ist. Die zur Räderverschiebung benötigten Zwischenräume lassen sich einfach abzählen, ebenso die gesamte axiale Baulänge in Radbreiten.

8.1 Ermittlung der günstigsten Räderanordnungen der achtzehnstufigen Getriebe von Abschn. 6.1 mit der Drehzahlreihe R 20/2 (35,5···1800). Stufensprung 1,25. Größenmäßige Drehzahlfolge beim Schalten

8.11 Ungebundenes Getriebe mit dem Drehzahlbild Abb. 2.2. Im Abschn. 7.34 ist ausgeführt, daß es nicht angebracht erscheint, neunstufige Dreiwellengetriebe, wie das Kerngetriebe der Aufgabe ein solches ist, ungebunden auszuführen. Die Räder der Mittelwelle zwingen wegen ihres geringen Durchmesserunterschiedes zu einer Bindung, also zu einer Vereinfachung und Verkürzung des Getriebes.

Um aber einen Vergleich zu ermöglichen, sei in der Abb. 8.1/1 die Räderanordnung des ungebundenen Getriebes gezeigt. Aus ihr ist zu entnehmen, daß das ungebundene, neunstufige Dreiwellengetriebe allein eine Baulänge von > 16 Zb beansprucht, die sich mit dem vierten Teilgetriebe auf eine gesamte Baulänge von > 19 Zb erhöht. Davon lassen sich zwei Zahnradbreiten sparen, wenn das vierte Teilgetriebe als Schieberad mit Kupplung ausgebildet wird, wie strichpunktiert gezeichnet.

8.12 Einfach gebundenes Getriebe mit dem Drehzahlbild Abb. 6.1/1 a.
Hier ist das gebundene Rad $z = 56$ dem dritten und vierten Teilgetriebe
gemeinsam. Somit müssen diese beiden Teilgetriebe zu einem Dreiwellengetriebe zusammengefaßt werden. Das zweite Teilgetriebe kann
nur angefügt, aber nicht in das dritte eingefügt werden (Abb. 8.1/2).

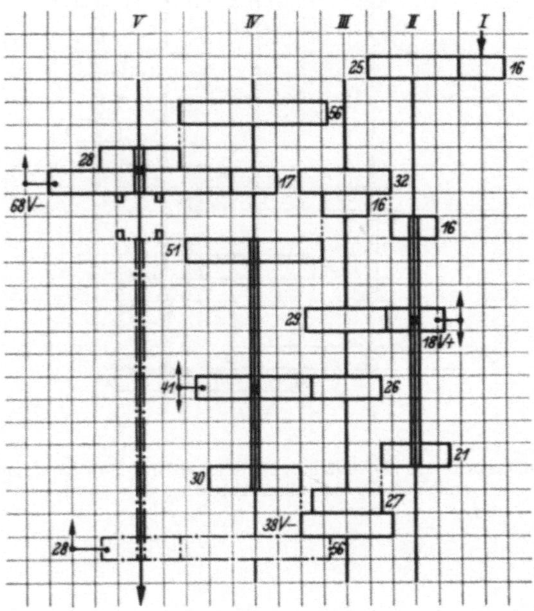

Abb. 8.1/1. Räderanordnung des achtzehnstufigen ungebundenen Getriebes R 20/2 (35,5...
1800) mit dem Drehzahlbild Abb. 2/2. Axiale Baulänge > 19 bzw. 17 Zb

Für das dreistufige zweite Teilgetriebe ergeben sich bei größenmäßiger Drehzahlfolge und feiner Stufung (Zähnezahlunterschied > 4)
nach Abb. 7.2/1 als Baulänge > 11 Zb. Das zusammengefaßte dritte und
vierte Teilgetriebe, ein sechsstufiges, einfach gebundenes Dreiwellengetriebe, benötigt für das dritte Teilgetriebe nach Abb. 7.1/4b > 9 Zb
als Baulänge. Das vierte Teilgetriebe fügt sich ohne zusätzliche Baulänge
ein, so daß sich eine gesamte axiale Baulänge von > 20 Zb ergibt
(Abb. 8.1/2).

**8.13 Einfach gebundenes Getriebe mit dem Drehzahlbild der Abb.
6.1/1 b.** In diesem Drehzahlbild ist das Rad $z = 38\,\mathrm{V}-$ gebunden.
Demnach müssen das zweite und das dritte Teilgetriebe ineinandergefügt werden; das vierte wird angehängt (Abb. 8.1/3).

Für ein neunstufiges Dreiwellengetriebe mit ineinandergefügten
Rädern, größenmäßiger Drehzahlfolge, feinstufig und einfach gebunden
verzeichnet die Abb. 7.3/22, die hier in Betracht kommt, > 13 Zb als

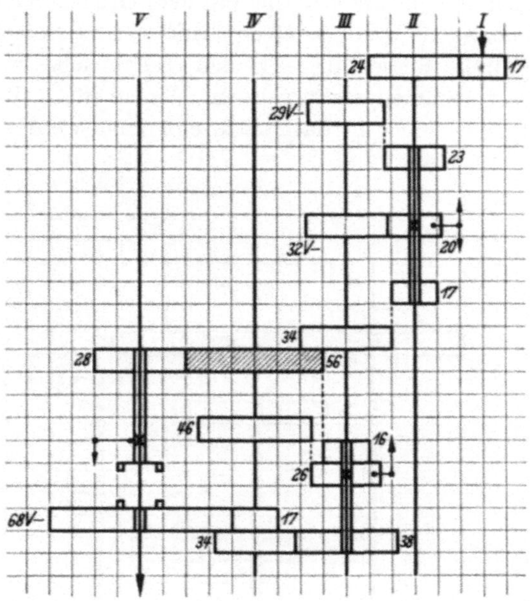

Abb. 8.1/2. Räderanordnung des einfach gebundenen Getriebes (gebundenes Rad $z = 56$) mit dem Drehzahlbild Abb. 6.1/1a. > 20 Zb

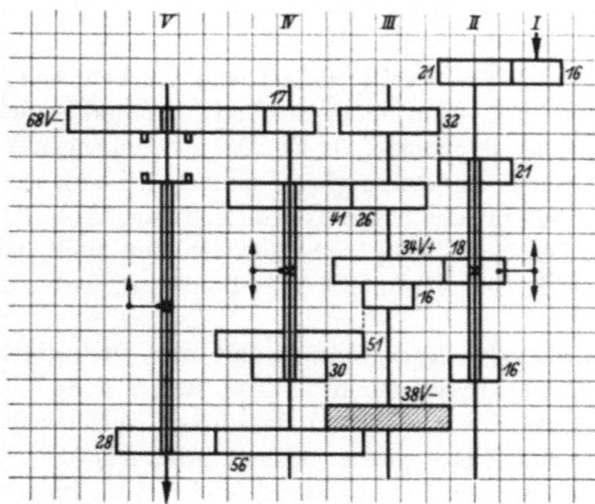

Abb. 8.1/3. Räderanordnung des einfach gebundenen Getriebes (gebundenes Rad $z = 38V-$) mit dem Drehzahlbild Abb. 6.1/1b. > 14 Zb

Baulänge. Hinzu kommt für das vierte Teilgetriebe in der Ausführung als Schieberad mit Kupplung eine weitere Zahnradbreite (das Rad $z = 17$ kann auf der Welle IV innerhalb der Baulänge des neunstufigen Dreiwellengetriebes untergebracht werden), so daß sich die gesamte axiale Baulänge auf > 14 Zb beläuft (Abb. 8.1/3).

8.14 Doppelt gebundenes Getriebe mit dem Drehzahlbild der Abb. 6.1/1c. Das doppelt gebundene neunstufige Dreiwellengetriebe nach Abb. 7.3/27a benötigt > 12 Zb als Baulänge.

Hinzu kommen wieder > 2 Zb für das vierte Teilgetriebe. Die gesamte axiale Baulänge beträgt somit > 14 Zb (Abb. 8.1/4).

Die Räderanordnungen für die Drehzahlbilder der Abb. 6.1/1d und 6.1/1e sind nicht gezeigt. Sie gleichen im Aufbau denen der Abb. 8.1/1 bzw. 8.1/3 mit dem Unterschied, daß die Eingangsübersetzungen fehlen.

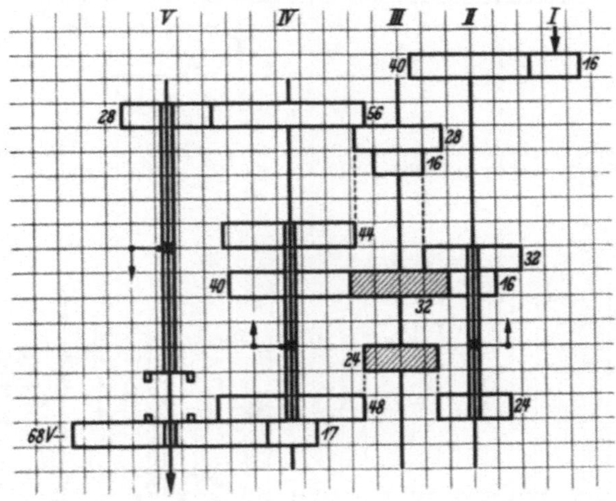

Abb. 8.1/4. Räderanordnung des doppelt gebundenen Getriebes mit dem Drehzahlbild Abb. 6.1/1c. > 14 Zb

8.2 Aufbau der Räderanordnungen des zwölfstufigen Getriebes von Abschn. 6.2

8.21 Für die erste Lösung 6.21 mit dem Drehzahlbild Abb. 6.2/2a erübrigt sich das Aufzeichnen einer Räderanordnung, da an das sechsstufige Getriebe nach Abb. 7.3/9 mit einer axialen Baulänge von > 8 Zb nur noch ein zweistufiges Zweiwellengetriebe mit den Wellen III und IV anzuhängen ist, ähnlich wie bei Abb. 8.1/3, wodurch sich die axiale Baulänge auf > 9 Zb erhöht.

8.22 Bei der zweiten Lösung 6.22 mit dem Drehzahlbild Abb. 6.2/2b erfordert das aus dem ersten und zweiten Teilgetriebe bestehende sechsstufige Dreiwellengetriebe nach Abb. 7.3/7a eine axiale Baulänge von > 11 Zb. Das dritte und vierte Teilgetriebe wird angefügt. Zu beachten ist, daß das mit dem gebundenen Rad kämmende Schieberad $z = 21$ in der Länge richtig bemessen wird, da es einmal selbst verschoben wird, sodann aber auch das gebundene Rad. Eine Bindung der Räder $z = 18$ und 19 wäre nicht möglich, weil das große Rad $z = 34$ der Welle II zu dicht an die Welle I rücken würde.

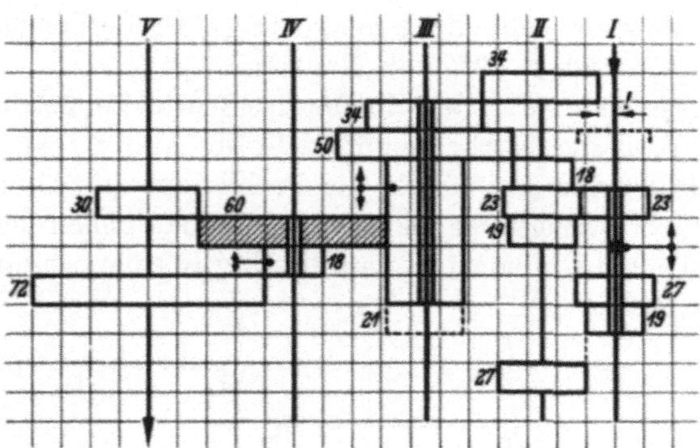

Abb. 8.2/1. Räderanordnung des zwölfstufigen Getriebes R 20/3 (16···710) mit gebundener Zwischenübersetzung, Drehzahlbild Abb. 6.2/2 b. Axiale Baulänge > 11 Zb

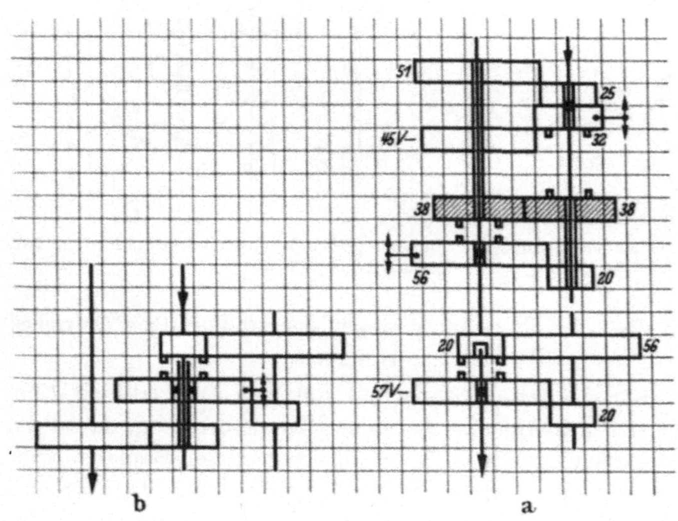

Abb. 8.2/2. Räderanordnung des zwölfstufigen Getriebes mit sechsstufigem Windungsgetriebe und nachgeschaltetem *gleich*achsigem, zweistufigem Vorgelegegetriebe. Drehzahlbild Abb. 6.2/2 c. > 16 Zb. a) Axialer Abtrieb. b) Seitlicher Abtrieb

Die Räderanordnung zeigt Abb. 8.2/1 mit einer axialen Baulänge von > 11 Zb.

8.23 Die dritte Lösung 6.23 mit dem Drehzahlbild Abb. 6.2/2c enthält ein sechsstufiges Windungsgetriebe, wofür die Abb. 4.4/6 eine Anordnung gibt. Das zweistufige Vorgelegegetriebe wird gleichachsig angeschlossen.

Die Räderanordnung (Abb. 8.2/2a) ist zweiachsig und hat eine axiale Baulänge von > 16 Zb, wenn die Platz beanspruchenden und notwendigen Lager zwischen dem Windungsgetriebe und dem Vorgelegegetriebe gleich 2 Zb gerechnet werden, wie dies auch weiterhin so gehandhabt werden soll. Das Vorgelegegetriebe ist in Abb. 8.2/2b für seitlichen Abtrieb gezeichnet.

8.24 Auch bei der vierten Lösung 6.24 mit dem Drehzahlbild Abb. 6.2/2d ist der Kern ein sechsstufiges Windungsgetriebe, wie vorstehend. Auf der davorliegenden Welle I sitzt das mit dem gebundenen Rad $z = 30$ zusammenarbeitende Rad $z = 21$ der Eingangsübersetzung (Abb. 8.2/3).

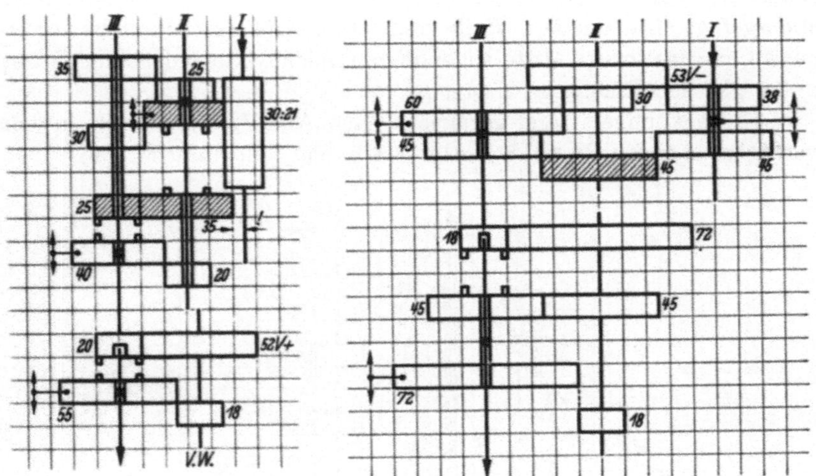

Abb. 8.2/3. Räderanordnung des zwölfstufigen Getriebes mit sechsstufigem Windungsgetriebe, gebundener Eingangsübersetzung und nachgeschaltetem, *nicht* gleichachsigem zweistufigem Vorgelegegetriebe. Drehzahlbild Abb. 6.2/2d. > 16 Zb

Abb. 8.2/4. Räderanordnung des zwölfstufigen Getriebes mit einfach gebundenem vierstufigem Dreiwellengetriebe und nachgeschaltetem dreistufigem Vorgelegegetriebe. Drehzahlbild Abb. 6.2/2e. > 16 Zb

Bei näherer Betrachtung wird ersichtlich, warum das Rad $z = 21$ — worauf in Abschn. 6.24 hingewiesen ist — nicht mit dem Rad $z = 35$ gebunden werden kann. Es muß außerdem genügend lang sein, damit das Schieberad $z = 30$ nicht außer Eingriff kommt.

Das Vorgelegegetriebe, das in diesem Fall nicht gleichachsig mit dem Windungsgetriebe ist, wird noch angehängt.

Diese Räderabwicklung nach Abb. 8.2/3 benötigt wiederum > 16 Zb als axiale Baulänge.

8.25 In der fünften Lösung 6.25 mit dem Drehzahlbild Abb. 6.2/2e wird ein einfach gebundenes Dreiwellengetriebe mit vier Stufen verwendet, das nach Abb. 7.3/4 eine axiale Baulänge von > 5 Zb erfordert.

Das dreistufige Vorgelegegetriebe nach Abb. 4.3/5 mit den stark belasteten Rädern nahe den Lagern benötigt > 9 Zb, so daß sich damit nach Abb. 8.2/4 eine axiale Baulänge von > 16 Zb ergibt.

Auf eine Gegenüberstellung der gezeigten Lösungen wird verzichtet, da sie nur einen Vergleich der verschiedenen Getriebeformen an einem Beispiel ermöglichen sollen.

8.3 Aufbau der Räderanordnung für ein achtzehnstufiges Getriebe mit dem Drehzahlbild Abb. 6.3/1

Um Raum für das Vorgelegegetriebe zu gewinnen, werden die beiden gebundenen dreistufigen Teilgetriebe nicht ineinander-, sondern aneinandergefügt. Die mittlere Welle muß einen größeren Durchmesser erhalten, da das in der Mitte sitzende gebundene Rad auf beiden Seiten in der gleichen Richtung belastet ist.

Das zweistufige Vorgelegegetriebe nach Abb. 1./5 läßt sich in dem verfügbaren freien Raum, wie Abb. 8.3/1 zeigt, gut unterbringen.

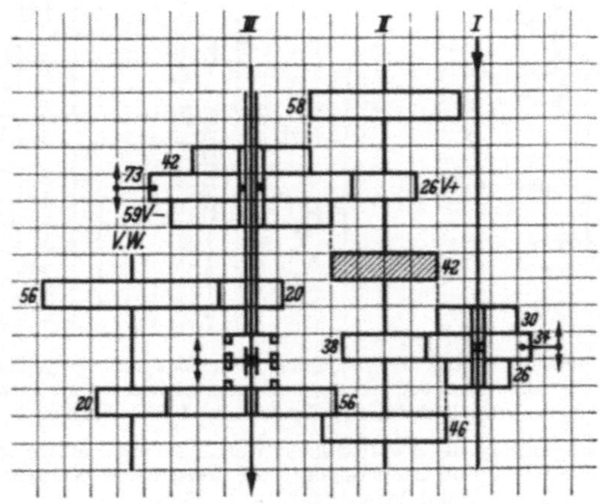

Abb. 8.3/1. Räderanordnung des achtzehnstufigen Getriebes (neunstufiges, einfach gebundenes Dreiwellengetriebe mit nachgeschaltetem zweistufigem Vorgelegegetriebe). Drehzahlbild Abb. 6.3/1. Axiale Baulänge > 13 Zb

Als axiale Baulänge ergeben sich > 13 Zb, die das neunstufige Getriebe allein für sich beansprucht. Auf einen Vergleich mit anderen Aufbauformen, z. B. der Abb. 8.1/1 bis 4, sei verzichtet, weil entscheidend ist, wieweit sich die Wellen aufeinander einschwenken lassen, wie groß also der Platzbedarf im Grundriß ist, sodann aber auch, weil es auf den besonderen Fall ankommt. In der Aufgabe ist die Verwendungsabsicht nicht näher gekennzeichnet.

8.4 Räderanordnung für das zwölfstufige, zweiachsige Getriebe des Beispieles von Abschn. 6.4

Zur Aufgabe wird gestellt, daß die am stärksten belasteten Räder nahe den Wellenlagern angeordnet und die Schieberäder in eine Achse hintereinander gelegt sind, damit die Schaltung an einer Stelle vereinigt werden kann. Drehzahlbild Abb. 6.4/1.

In Rücksicht auf die geforderte Anordnung der stark belasteten Räder nahe den Wellenlagern ist für das dreistufige Vorgelegegetriebe der Aufbau nach Abb. 4.3/5 der richtige. Er benötigt allerdings gegenüber Abb. 4.3/1, wo diese Forderung nicht erfüllt ist, in der axialen Baulänge ein Mehr von zwei Radbreiten, d. h. insgesamt > 9 Radbreiten.

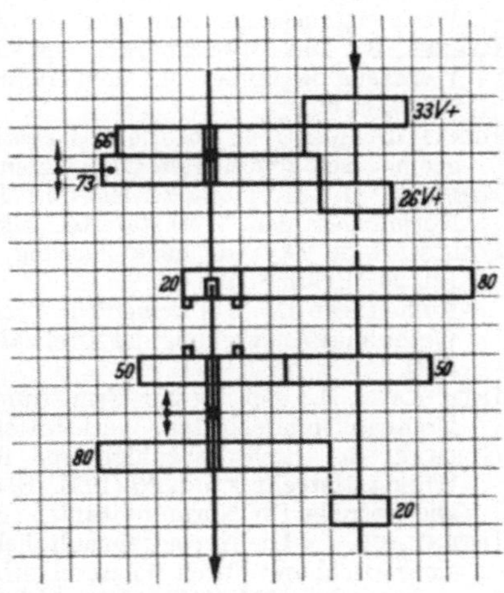

Abb. 8.4/1. Räderanordnung des zwölfstufigen Getriebes (zweistufiges Zweiwellengetriebe mit nachgeschaltetem, gleichachsigem dreistufigem Vorgelegegetriebe) für Antrieb durch polumschaltbaren Motor 1400/2800 U/min. Drehzahlbild Abb. 6.4/1. > 15 Zb

Aus der zweiten Forderung, daß die Schieberäder in einer Achse hintereinander liegen sollen, folgt ein Aufbau des sich nach oben anschließenden zweistufigen Zweiwellengetriebes nach Abb. 8.4/1. Hier muß der schwere Schieberadsatz verschoben werden, an Stelle des leichteren, wie dies sonst üblich ist. Die gesamte axiale Baulänge beträgt > 15 Zb.

Schrifttum

ADLER, FR.: Die Umlaufzahlenreihen bei Werkzeugmaschinen Z. VDI Bd. 51 (1907) S. 1491

KRYSPIN-EXNER, B.: Beitrag zur Theorie der Stufenrädergetriebe im Hauptantrieb von Werkzeugmaschinen. Werkstattstechnik, 1925 S. 757

SCHLESINGER, G.: Die VDW-Richtlinien für die Stufensprünge der Getriebe von Werkzeugmaschinen und für die Werkzeug- und Werkstückdrehzahlen im Werkzeugmaschinenbau. Werkstattstechnik Bd. 23 (1929) S. 47

PANZER, R.: Die Anwendbarkeit der VDW-Richtlinien für die Stufensprünge von Werkzeugmaschinen bei dem Bohrmaschinenbau. Werkstattstechnik Bd. 23 (1929) S. 661

BENNEDIK, K.: Über Theorie und Bestimmung der Zähnezahlen in Getrieben mit geometrisch abgestuften Drehzahlen. Z. VDI Bd. 74 (1930) S. 1057

KIENZLE, O.: Normungszahlen und Drehzahlnormung. Die neue Fassung der Normungszahlen. Werkstattstechnik Bd. 24 (1930) S. 517

SCHLESINGER, G.: Die neue Fassung der Drehzahlnormung. Werkstattstechnik Bd. 24 (1930) S. 521
Einheitliche Drehzahlreihen für Drehbänke Z. VDI Bd. 74 (1930) S. 1509
Wesen und Auswirkung der Drehzahlnormung AWF 239. Berlin: Beuth-Verlag 1931

IRTENKAUF, J.: Beitrag zur Ermittlung des zweckmäßigsten Getriebeplanes von Drehbankspindelkästen. Werkstattstechnik Bd. 25 (1931) S. 177

GERMAR, R.: Richtdrehzahlen und ihre günstigste konstruktive Ausnutzung. Werkstattstechnik Bd. 25 (1931) S. 57
Die Getriebe für Normdrehzahlen. Berlin: Springer 1932

IRTENKAUF, J.: Die Normdrehzahltabelle und ihre Berücksichtigung beim Antrieb einer Drehbank durch polumschaltbaren Motor mit 2 Drehzahlen. Die Werkzeugmaschine Bd. 36 (1932) S. 106
Die Drehzahlnormung. Anwendung und Auswirkung bei spanabhebenden Werkzeugmaschinen. Maschinenbau-Betrieb Bd. 12 (1933) S. 39

WALLICHS, A. u. SCHÖPKE, H.: Die Getriebeberechnung unter besonderer Berücksichtigung der Drehzahlnormung. Berlin: VDI-Verlag 1936
Die Berechnung von Zahnradgetrieben unter besonderer Berücksichtigung der Drehzahlnormung. Z. VDI Bd. 80 (1936) S. 241

RÖGNITZ, H.: Stufengetriebe an Werkzeugmaschinen (Werkstattbücher H. 55) Berlin: Springer 1936 u. 1953

MELCHER, H.: Internationale Normvorschläge für die Drehzahlen von Arbeitsspindeln. Werkstattstechnik und Werksleiter, 1938 S. 437

SCHÖPKE, H.: Doppelt gebundene Zahnradwechselgetriebe kleiner Abmessungen. Getriebetechnik Bd. 7 (1939) S. 145

BÖHRINGER, R.: Die Drehzahlnormung und ihre wirtschaftliche Auswirkung im Drehbankbau. Berlin: Springer 1939

SCHÖPKE, H.: Berechnung der Getriebe für Werkzeugmaschinen. Z. VDI Bd. 85 (1941) S. 679

RÖGNITZ, H.: Sinnbilder für Rädergetriebe. AWF-Nachrichten, 1943, Nr. 8/9

ROHS, H. u. HEINEMANN, A.: Das doppelt gebundene Dreiwellengetriebe im Antrieb für Werkzeugmaschinen. Industrie-Anzeiger, Essen (1954) Nr. 54, S. 23

STEPHAN, E.: Stufengetriebe mit der kleinsten Zähnezahlsumme. Werkstatttechnik und Maschinenbau, 1955, S. 1

RITTER, R.: Anordnung von mehrstufigen Getrieben für Werkzeugmaschinen. Industrie-Anzeiger, Essen (1956) Nr. 11, S. 15

SCHÖPKE, H.: Stufengetriebe in Werkzeugmaschinen. Industrie-Anzeiger, Essen (1957) Nr. 16, S. 20

JAEKEL, K.: Bestimmung der Zähnezahlen in geometrisch gestuften Zahnradgetrieben. 7. Aachener Werkzeugmaschinen-Kolloquium 1954. Essen: Girardet

ROHS, H.: Wege zur zweckmäßigen Gestaltung von Stufengetrieben für Werkzeugmaschinen. Dissertation TH Aachen 1956

Sachverzeichnis